KB166899

엄마는 산티아고

소녀 같은 엄마와
다 큰 아들의 산티아고 순례기

엄마는
산티아고

지은이 원대한
펴낸이 정규도
펴낸곳 황금시간

초판 1쇄 발행 2014년 6월 13일
초판 3쇄 발행 2019년 5월 16일

편집 권명희 이수빈
디자인 nice age

황금시간
Golden Time
주소 경기도 파주시 문발로 211
전화 (02)736-2031(내선 362)
팩스 (02)6677-7775

출판등록 제406-2007-00002호
공급처 (주)다락원
구입문의 전화: (02)736-2031(내선 250~252)
          팩스: (02)732-2037

값 13,800원
ISBN 978-89-92533-65-2 03980

http://www.darakwon.co.kr
· 다락원 홈페이지를 통해 주문하시면 자세한 정보와 함께 다양한 혜택을 받으실 수 있습니다.
· 기타 문의사항은 황금시간 편집부로 연락 주십시오.

소녀 같은 엄마와 다 큰 아들의
산티아고 순례기

엄마는
산티아고

글. 그림 **원대한**

황금
시간

엄마와 여행을 가고 싶다는 생각은 가장 사려 깊은 척 기계적인 구호에 그칠 게 뻔하다. 엄마는 군악대처럼 굳세게 걷을 수 없고, 풍경마다 이쪽저쪽 마음을 뺏기는 산만한 어린아이라서. 게다가 가슴이 터질 듯한 갑갑함 없이는 엄마와 이야기하기도 힘드니까. 그러나 진짜 대화를 만드는 것은 어떤 지루한 조각들 아닌가.

〈엄마는 산티아고〉를 읽는 내내 자문했다. 그 긴 세월 엄마와 무엇에 대해 이야기했냐고. 질문에 뒤따라 온 것은 어떤 슬픔이었다. 반 쪽짜리 이야기, 시든 감정들, 엄마를 에워싼 사건들에 대한 단순한 반응들. 그동안 엄마와 나눈 건 친밀하지만 온통 무거운 경험뿐인 걸까.

〈엄마는 산티아고〉는, 엄마와 아직 공유하지 못한 밝은 것들에 대해 알고 싶다면 함께 걸으라고 종용한다. 무거운 몸 안에서 탄식하며 머무르는 대신, 초목에 새가 앉아 있고, 이파리들이 미풍에 날리며, 태양의 잔영 아래 구름이 하늘을 덮는 세상으로 나아가라고. 어떤 땐 이렇게 대범하게 긴 순례에 나서서, 다다이스트처럼 불현듯 나타나는 사건들을 맞는 게 제일 먼저라고.

아득하지만 깜짝 놀라게 하는 사건이 내내 펼쳐진 길, 저자는 한참 달려와 숨을 고르는 소년처럼 침착하고 담담한 언어로 엄마에게서 발견하지 못한 것들을 연이어 찾는다. 말린 꽃 한 줄기를 편지봉투에 넣고 반창고로 향기를 밀봉하는 '소녀'를 부르고, 당신도 알지 못하는 이유로 눈물을 흘리는 '여자'의 신비를 관찰한다. 엄마의 동작을 다양한 불안으로 해석하는 웅숭그린 배려, 그녀의 고통스러운 걸음을 이어가려는 아들의 보폭은 이윽고 엄마의 감춰졌던 즉흥성, 묻혔던 쾌활을 표면으로 끌어당긴다. 마침내 그녀의 결연한 투지, 현명한 천진함까지 딸려올 때, 슬로 슬로 퀵 퀵, 엄마와 걷는 여행은 춤과 같다는 것을 알게 되는 것이다.

그리고 또한 배웠다. 진짜 사랑은 집과 같아서 문을 열고 그 안으로 들어가는 거라고. 작은 배만 한 침상에 누워 서로 다정하게 잠드는 거라고.

이충걸_〈GQ KOREA〉 편집장

계획대로 되는 일 같은 건 인생에 없다. 그래서 갈피마다 기적을 꿈꾸고 구비마다 축복을 앙망한다. 글 잘 쓰고 그림 잘 그리고 사진 잘 찍는, 그래서 인생의 쓴맛 같은 건 꿀떡 삼켜버릴 것처럼 천연덕스러운 얼굴을 한 청춘 원대한이 엄마와 함께 오른 산티아고의 길도 그랬다.

산티아고 순례는 엄마의 소원이었다. 하지만 엄마는 빨리 걷지 못했고 아들은 엄마의 보조를 맞추어야 했다. 길은 노중에서 사라지고 눈발은 예기치 않게 퍼붓고 겨우 당도한 숙소는 만원이다. 근사한 호텔에 여정을 풀었던 사치스러운 하룻밤에도 아들과 엄마는 속에 담아둔 말을 기어이 꺼내어 말다툼을 벌인다. 미사를 드리러 찾아간 성당에서 엄마는 목을 놓아 울고, 아들은 그저 '엄마가 다 울어버리길' 기다린다. 그러나 산티아고는 이들을 위한 기적과 축복을 갈피마다 구비마다 숨겨놓았다. 엄마는 아들의 그림도구를 빌려 꽃을 그리고, 아들은 엄마의 배낭을 메고 노래를 부른다. 길이 사라지면 천사가 와서 방향을 알려주고 지붕도 변변치 않은 맨바닥에 자리를 깔면 다른 순례자들이 산더미 같은 담요를 내어준다. 아들은 느리게 걷는 법과 중단하는 법과 다시 시작하는 법에 눈을 뜬다. 사람의 기적을 맞닥뜨리고 삶의 축복 앞에서 겸손을 껴안는다.

원대한의 산티아고에서는 부드럽고 둥근 바람이 분다. 꽃들의 향기와 새들의 소리와 힘겹지만 따뜻한 마음들이 웅성거린다. 인생이 계획대로 되지 않아서, 기적이 있고 축복이 있다. 그것을 찾고 만지고 끌어안는 것은 순례자의 몫이다. 무엇이 닥쳐올지 알 수 없으나, 예를 갖추어 따르는 그 길이 산티아고다. 아들이, 엄마가, 사람이, 산티아고다.

황경신_소설가

엄마와 걷기 좋은 계절

마당에 영산홍이 만발이다. 이 선명한 분홍빛은 어릴 적부터 매년 우리 가족에게 겨울과 봄의 경계를 알려주는 신호였다. 하지만 참 오랜만이다. 군대에 있느라 두 해를, 그리고 집을 비운 작년 봄에도 이 분홍을 만나지 못했으니 말이다. 그러니까 딱 일 년 전, 우리 집 영산홍이 꽃을 피웠을 때 우리는 길 위에서 있었다. 엄마의 오랜 꿈이던 스페인의 '카미노 데 산티아고' 순례길 위였다.

'카미노 걷기'는 내가 기억하는 한 엄마가 입 밖으로 꺼낸 유일한 꿈이자, 10년 가까이 엄마 혼자 지켜온 막연한 꿈이었다. 그리고 내가 커 갈수록 한없이 작아지는 엄마를 지켜주던 하나의 단어이기도 했다. 나에게는 막 전역을 하고 졸업반으로의 복학을 앞둔 정신없는 시점이었다.
하지만 엄마가 뜬금없이 순례길 이야기를 꺼냈을 때, 나도 모르게 덥석 그 제안을 물어버렸다. 지금이 아니면 평생 가슴에 품은 채로만 끝나는 꿈이 될지도 모른다는 생각이었을까. 아니, 반대로 엄마와의 결별 여행이라고 생각했는지도 모른다. 어린 아들로서 엄마와 함께하는 마지막 여행이라고 생각했으니까. 이 길을 걷고 나면 쫀쫀하던 우리 가족이 서로 조금 분리가 될 거라고 생각했다.

그렇게 우리는 걷기 시작했다. 보통의 발걸음으로 40일 정도 걸리는 800킬로미터의 여정은 엄마의 느린 걸음에 맞춰 조금씩 늘어났다. 봄에 반을 걷다가 한국으로 돌아왔고 가을, 또다시 오랜 꿈으로 남겨둘 줄만 알았던 그 길을 다시 함께 걸었다.

길 위에서 누군가가 말했다. 이 길은 둘이 걷기 시작하면 끝까지 둘이 걷는 길이 되고, 혼자 걷기 시작하면 길 위의 모두와 걷는 길이 된다는 이야기였다. 맞는 말이라고 생각했다. 엄마와 걸으면서 수많은 이들을 앞으로 떠나보냈다. 급행열차를 위해 길을 비켜주는 완행열차 기관사의 마음이 이랬을까. 하지만 수백 번 길을 비켜주면서 어느새 느리게 걷는 것에 익숙해졌다. 그리고 엄마와 둘만 남게 될 거라고 생각한 이 길에, 우리와 비슷한 속도로 걷는 이들이 함께 남았다. 한 번에 산티아고에 당도하는 것을 포기하고 나니 많은 것이 보이기 시작했다. 느리게 걷는 이들의 삶이 전해졌고, 그들과 앉아 이야기를 나누다 이름 모를 들꽃들도 만났다. 함께 노래를 부르며 걷다 보면 어느새 목적지에 다다르기도 했다.
둘이 걷기 시작했는데, 결국 모두와 함께 걸었다. 할아버지도, 할머니도, 무뚝뚝해 보이는 아저씨도, 모두 친구가 되었다. 그리고 마지막으로, 엄마도 나의 친구가 되었다.

카미노를 다 걸은 뒤, 엄마가 꿈을 이뤘지만 동시에 잃어버려서 어쩌나 걱정했다. 다행히도 그것은 기우였다. 또 다른 길을 걷겠다며 더 큰 꿈을 꾸기 시작한 그녀를 보며 나도 또 하나의 꿈을 품는다. 그리고 결별 여행 운운했던 것도 실수이자 대실패로 끝났다. 그 대신 엄마와 같이 또 어디론가 홀쩍 떠날 것을 생각하며 오랜만에 등산화를 꺼내본다.

지금, 엄마와 발맞춰 걸어보기 참 좋은 계절이니까.

2014년 봄날, 원대한

Contents

추천사 004
prologue
엄마와 걷기 좋은 계절 006

1부 / 봄날의 산티아고

01 진짜, 같이 갈 수 있을까? 022
02 현지 셰르파의 합류 026
03 순탄할 리 없는 첫날 030
04 전우의 등장 034
05 피레네의 폭설에 갇히다 038
06 그럼에도 우리는 걷자 042
07 아빠를 위한 생일카드 046
08 어르신 음악대 전격 결성! 048
09 담요 같은 봄바람이 분다 056
10 우리 그냥 집에 갈까? 060
11 용서의 언덕을 용서하는 법 064
12 친구의 일기장을 훔쳐보다 070
13 하루쯤 쉬어가도 괜찮아 074
14 종이학 080
15 카미노 가족의 탄생 084
16 별들의 들판이 우리를 부른다 088

17 엄마의 눈물 092
18 백 리 너머 096
19 어느 순례자의 평범한 하루 098
20 어버이날 특별 쿠폰을 발행합니다 104
21 집시의 삶 110
22 카미노의 귀곡산장 114
23 엄마와 아이 셋,
   브룩 가족의 산티아고 122
24 매일매일 축제의 나날들 128
25 홀로 걷다 132
26 며느리, 아내, 엄마의 삶 136
27 프로미스타, 또 하나의 약속 140

✴ 엄마·아들 봄 여행일지 146

2부 / 가을날의 산티아고

01 여전히 새로운 두 번째 길 160

02 천사를 만나다 164

03 별을 따라 걷는 길 168

04 우리 삶의 모든 순간 172

05 놀이 하나, 끝말잇기 176

06 놀이 둘, B급 더빙영화 시나리오 180

07 엄마가 그림을 그린다 184

08 소박하지만 큰 마음들 192

09 파라도르에서의 화려한 하룻밤 196

10 초록 알베르게의 요가 수업 202

11 나, 한국 가봤어 206

12 잠깐 멈추면 안 될까? 210

13 엄마가 사라졌다! 216

14 엄마의 엄마 220

15 산티아고까지 200킬로미터 226

16 다시 천사를 만나다 230

17 카미노 생활자 234

18 귤 한 쪽도 나눠먹다 238

19 어느 '나이롱 신자'의 기도 240

20 어둠 속을 걷다 246

21 호두 한 알의 힘 252

22 반짝반짝 변주곡 256

23 배낭이 사라졌다! 260

24 내가 이 여행을 기억하는 법 266

25 함께 걷는다는 것 I 270

26 함께 걷는다는 것 II 274

27 이 말 한마디만은 278

28 사랑한다는 말 282

★ 엄마·아들 가을 여행일지 286

epilogue

엄마의 소원은 이루어졌을까 292

D-7years

급성 디스크 때문에 엄마가 한동안 병원에 입원했다.
집으로 돌아오는 길에 그녀의 손에
들려 있던 한 권의 책,
산티아고 순례 여행기였다.

"카미노 데 산티아고라는 순례길이 있대.
프랑스부터 스페인 서부의 산티아고 데 콤포스텔라라는
작은 도시까지 800킬로미터를 걷는 거야.
나 허리 나으면 거기 꼭 걷고 싶어."

엄마에게 소원이 생겼다.

"근데 엄마, 18.9리터짜리 생수병에
가득 채워야되는 거 아니게요?!"

D-5years

엄마 화장대 위에
아빠와 내 호주머니에서 나오는 동전들로 배를 채우는,
노란 돼지저금통이 하나 생겼다.
엄마는 돼지의 몸에 문신을 새겨 넣었다.
CAMINO DE SANTIAGO.

돼지의 배가 다 차면 엄마는 산티아고로 떠난다 했다.

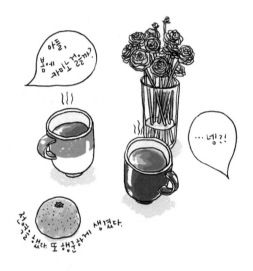

D-100days

겨울, 전역을 했다.
군대에 있던 2년 남짓 동안 친구들은 취직하거나 유학을 갔다.
봄에 복학하고 나면, 나도 그렇게 쉬지 않고 도는
컨베이어 벨트에 오를 게 분명했다.
고민이 많아 보였던 걸까.
엄마가 지나가듯 이야기했다.

"아들, 이번 봄에 엄마랑 산티아고 걸을래?"

D-60days

비행기 표를 끊었고 스페인어 학원에 등록했다.
5킬로미터 이하의 짧은 거리는 모두 걸어 다니기로 했다.
걷다 보니 서울이 다르게 보였다.
좋아하는 음악을 느리게 들었고,
분홍빛으로 서서히 물드는 하늘을 넋 놓고 바라볼 수도 있었고,
모르는 동네를 지날 때에는 여행자라도 된 것처럼 기웃거리고,
노래를 흥얼거리고 그리운 사람들을 머리에 떠올릴 여유가 생겼다.

D-30days

가장 중요한 준비물을 장만했다.
방수가 잘 되고 튼튼한 등산화와 각자의 등에 잘 맞는 배낭을 샀다.
새 신발, 새 가방을 들이고 나니
점점 떠날 날이 다가옴을 느낀다.

내 옆보의 무게를 소개합니다...

D-1day

'배낭은 깃털처럼 가볍게'라는 도보여행가 김남희 씨의 말이 떠올랐다.
모든 짐을 빨간 주방저울 위에 올려보았다.
팬티 하나, 볼펜 하나도 제일 가벼운 걸 챙겼다.
그럼에도 내가 짊어져야 할 짐은 15킬로그램을 훌쩍 넘어섰다.
내 업보의 무게가 이쯤 될까.

이 밤이 지나면 우리는 떠난다.
800킬로미터의 머나먼 여정을,
각자의 업보를 짊어지고서
엄마와 아들이 걷는다.

봄날의
산티아고

Sahagún (357, 358)
25
Cerezos (387)
17
Carrión de los Condes (393)
18
Frómista (415)
24
Hornillos (439, 457)

Arroyo Sambol
Burgos (48...)
S. Juan de Ortega
Belorado
Sto. Domingo de la Calzada (588)
Nájera (573)
Logroño (600, 587)
Los Arcos (570)
Estella (543)
Puente la Reina
Cizur Menor
Montreal (700)   Roncesvalles (97)

01

<h1 style="text-align:center">진짜,
같이 갈 수 있을까?</h1>

Seoul, Korea
→ Tokyo, Japan

　한창 비행기 표를 알아보던 중 도쿄와 런던을 경유해 파리로 날아가는 항공편을 발견했다. 평소라면 직항보다 싼 값에 즐기는 '경유 도시 맛보기 여행'에 만세를 외쳤겠지만 엄마와 떠나는 길인 만큼 내 여행 스타일을 그대로 접목해도 될지 의문이었다.

　"엄마, 우리 도쿄 가서 스시 먹고 출발할까요?"

　"그게 돼?"

　"응. 도쿄에 들르는 거, 그러니까 스톱오버 하는 거 공짜예요. 바쁜 사람들은 누리지 못하는 거야. 딱 하루 여행 어때요?"

　"그래, 좋지!"

　그렇게 엄마와 함께 도쿄에 떨어졌다. 하루 동안 순례 여행의 준비 삼아 도쿄 시내를 걸어서 둘러보기로 했다. 게스트하우스에서 그리 멀지 않은 도쿄의 대표적인 관광지 아사쿠사에 들러 제2의 도쿄타워라고 불리는 스카이트리를 구경할 참이다. 하지만 출발 전의 거창한 파이팅이 무색하게 30분 거리도 되지 않는 목적지를 목전에 두고 엄마가 멈췄다. 강이 내려다보이는 파출소 앞이었다.

"아이고, 허리 아파서 못 걷겠다."

"우리 1킬로미터도 안 걸었는데? 산티아고 순례길Camino de Santiago1은 800 킬로미터나 된단 말이에요!"

"아들, 나 정말 거기까지 갈 수 있을까?"

"무슨 그런 말을! 지하철역 가서 코인로커에 짐 넣어두고 다니면 괜찮을 거예요. 조금만 더 걸어요."

"……안 멀어?"

"응, 코앞이에요. 코앞."

하지만 코앞일 리가. 우리의 느린 발걸음으로는 어림없는 일이다. 게다가 간신히 도착한 지하철역 어디를 둘러봐도 코인로커가 없다. 종일 돌아다닌 후 공항 근처의 호텔로 이동할 예정이어서 어디에 짐을 맡길 수도 없는 상황. 이대로라면 엄마는 분명 주저앉고 말 것이다. 결국 잠시 내려놓은 엄마의 연두색 배낭을 낚아채듯 빼앗았다. 평소 같으면 아들 몸 아낀다고 완강히 저항했을 엄마도 정말 힘들었는지 순순히 내어준다. 아사쿠사 신사에서 향을 피우면서 뭘 빌었는지, 신주쿠에서 스시를 코로 먹었는지 입으로 먹었

1
예수의 열두 제자 중 한 사람이자 스페인의 수호성인인 성 야고보(스페인 이름 산티아고)의 무덤이 있는 산티아고 데 콤포스텔라(Santiago de Compostela)로 향하는 길. 중세 시대부터 가톨릭 성지 순례길이었으나 현재는 전 세계에서 도보여행을 즐기는 사람들이 찾는 여행지이기도 하다. 완주하는 데 보통 30~40일가량 소요된다.

는지 모르겠다. 그저 안개에 가려진 듯 모호했던 우리의 여행길이 군대 유격 코스처럼 두려워진 것밖에는. 엄마도 걱정이 되는 걸까, 갑자기 좋은 생각이 떠올랐다는 듯이 말을 꺼낸다.

"아들, 우리 수레를 사자. 약수터에 물 뜨러 갈 때 쓰는 거 있잖아. 그런 거에 배낭 싣고 끌면서 걸으면 되잖아."

"그게 말이 돼요? 온통 자갈이랑 진흙 길일 텐데 어떻게 수레를 끌어요?"

"매끈한 길에서는 끌고 울퉁불퉁한 곳은 같이 들면 되잖아. 어때?"

말도 안 된다는 표정으로 답했지만 문득 그것이 내 생애 최고 난이도이 자 엄마 생애 처음일 유격코스에서 우리를 구원할 유일한 방법이 아닐까 싶 었다. 게다가 도쿄 한복판에 또 다시 멈춰선 엄마는, 수레가 없으면 산티아 고는커녕 나리타 공항까지도 못 간다는 표정인 것을. 해가 질 무렵에야 일 본의 만물 브랜드로 불리는 도큐핸즈Tokyu Hands 구석에서 수레를 찾았다. 약수터 수레답지 않게 지나치게 세련된, 트랜스포머같이 변신해 손바닥 두 개 만한 지퍼 가방에 들어가는 요물이었다. 얼마나 든든한지, 이미 산티아고까지 다 걸은 기분이었다. 엄마도 신나는 표정이다. 가격표도 보지 않고 계산대로 내달렸다.

수레는 리무진버스 정류장까지 제 소임을 다하고는 이내 퇴출당했다. 호텔 방에 앉아 한국으로 보낼 짐을 정리하다 보니 수레에 짐을 올려두고 걷는다는 게 아무래도 사치처럼 느껴진 것. 결국 힘들게 구한 수레마저 오리털 침낭, 여분의 스케치북 등과 함께 한국행으로 분류되었다. 엄마의 표정에 먹구름이 드리웠지만 어쩔 수 없다. 자진해 고됨을 즐기는 걷기 여행에서 어느 누가 수레 같은 걸 끌겠느냐며, 함께 걸었던 제주올레나 지리산 둘레길에서도 요행을 바란 적 없지 않느냐고 엄마를 설득했다. 가이드북에도 그런 준비물은 없다고 안심시켰다.

우리는 정직하게 각자의 업보를 이고 지고 걷기로 약속한다. 다만 간혹 내가 엄마의 수레가 되겠지만. 돈독한 엄마 아들 사이라고 자부하지만 슬쩍 이번 여행이 두려워지는 건 어쩔 수 없다. 정말 엄마와 나는 괜찮은 동행자가 될 수 있을까. 엄마와 이 여행을 무사히 끝낼 수 있을까?

02

현지 세르파의
합류

Paris, France
→ Bayonne

파리에서 테제베를 타고 한나절을 달려 바욘Bayonne에 도착했다. 저 멀리서 월리 같은 게 하나 달려온다. 프랑스 남부 소도시 기차역에서도 한눈에 알아볼 수 있는, 키 크고 깡마른 친구 영진이다. 녀석은 나랑 인사도 나누기 전에 엄마에게 달려가 그녀를 꼭 끌어안는다.

영진은 내 고등학교 친구다. 고3때 자습실 구석의 이 빠진 피아노를 치며 같이 농땡이를 쳤고 대학에 붙은 뒤 배낭 둘러메고 스페인과 모로코를 함께 여행한 전력이 있다. 자습실은 우리의 아지트이자 영진의 춤 동아리 연습실이었고, 숨 막히던 학창시절의 유일하게 숨통 트이던 공간이었다. 영진은 그 숨을 같이 나눈 친구인 셈이다. 그리고 무엇보다도, 언제나 나보다 우리 엄마한테 더 잘하는 고마운 녀석이기도 하다. 지금 네덜란드의 소도시에서 교

환학생으로 수업을 듣고 있는데 '단 며칠이라도 어머니 가방을 들어주겠다'며 함께할 의사를 밝혀왔다. 막상 만나니 2주를 걸을 수 있단다.

"교수님한테 산티아고 순례길을 걷느라 하루 정도 수업에 불참한다고 메일 드렸어. 그런데 오히려 시간을 빼줄 테니까 더 많이 걷고 오라는 거야. 교수님도 지난여름에 완주했대. 심지어 마지막 멘트가 '부엔 카미노 ¡Buen Camino²!'였다니까."

우리나라였다면 학기 중에 이런 일이 가능했을까. 부러움이 앞선다. 든든한 지원군이 반갑지만 셋이서 함께하는 게 불편할지 몰라 걱정스럽기도 하다. 숙소에 들어와 분담할 짐을 정리하고 모두 자리에 누웠다. 엄마와 둘이 2인실에서 지낸 어제와 3인실인 오늘은, 공기가 조금 다르다. 20인실, 50인실, 100인실에서 머물게 될 내일부터는 어떨까 생각하니 살짝 숨이 막힌다. 영진과 엄마를 동시에 신경 쓰느라 머리가 팽팽 도는 나처럼 친구 엄마와 길을 걷게 된 영진도, 아들 친구와 함께 걸을 엄마의 머리도 가볍지만은 않겠지. 내일 아침 눈을 뜨면 더는 여행자가 아닌 순례자가 된다. 반가움과 설렘, 두려움과 걱정들이 한데 뒤섞여 잠들지 못하고 있다.

타닥타닥, 창밖에 내리는 비만 태평스럽다. 🍥

1
산티아고로 향하는 카미노는 모두 12개인데, 그중 가장 많은 사람이 이용하는 것이 프랑스 길(Camino Francés)이다. 프랑스 남부의 생장피에드포르에서 시작해 피레네 산맥을 넘어 이어지며 800킬로미터에 이른다. 파리의 몽파르나스 역에서 기차를 타고 바욘을 거쳐 출발지인 생장피에드포르까지 갈 수 있다.

2
직역하면 '좋은 순례길'이라는 뜻의 스페인말로 순례자들 사이에 통용되는 인사.

03

순탄할 리 없는
첫날

Bayonne
→ Saint Jean Pied de Port

밤새 비가 왔나 보다. 그러고도 부족한지 여태 내린다. 여행을 준비하며 비 오는 날이 제일 걱정이었는데 시작부터 비라니, 조금은 개운하지 않은 출발이다. 바욘에서 생장피에드포르Saint Jean Pied de Port까지는 기차로 한 시간 남짓이다. 기차 안에 자기 몸만 한 배낭을 짊어진 사람들이 눈에 띈다. 해군에 입대하러 진해 가던 길, 기차에서 까슬한 머리의 남자애들을 마주쳤을 때와 느낌이 비슷하다. 처음엔 반갑다가 운명을 함께할 전우 같아서 이내 조금 비장해진다. 입영 전야처럼 마음이 자꾸 무겁다.

오늘은 생장피에드포르에서 순례자 증명서인 크레덴셜Credencial을 발급받고 피레네 산맥의 중턱에 있는 오리손 알베르게Albergue까지 걸을 예정이다. 8킬로미터, 두 시간이면 걸을 거리인데 비가 오고 언덕이 가팔라 거리가

1
순례자 협회 사무소에서 발급한다. 알베르게에 묵을 때마다 차곡차곡 스탬프를
찍으면 산티아고에 도착했을 때 인증서를 받을 수 있다.

2
크레덴셜을 지참한 순례자들만을 위한 숙소. 운영 주체에 따라 공립, 종교단체
산하, 산티아고 협회, 사설 알베르게로 나뉜다. 2층 침대가 2~110개까지
있으며 남녀 구분 없이 자리 배정을 한다.

줄어들지 않는다. 그나마 다행인 것은 1킬로미터 정도를 걷고서 못 걷겠다며 엄살을 부린 엄마가 정작 그 이후로는 감탄사를 연발하며 신이 난 것. 몇 분 가다가 뒤돌아보고 "우와!" 조금 있다가 다시 뒤돌아보고 "와!" 고개를 앞으로 돌리며 "우와!"…….

시시각각 눈앞에 흘러가는 안개와 구름, 점점 발아래로 물러나는 마을과 산자락의 아스라한 곡선에 여태 울적하던 나까지 탄성이 나온다. 바람소리와 함께 멀리 양 떼 목장에서 깡통 종소리가 땡땡거리며 들려온다. 엊그제 지나쳐 온 파리는 물론이고 떠나온 지 일주일도 안 된 서울의 풍경조차 까마득하다. 비가 몰고 온 안개는 우리의 어설픈 시작을 꽤 근사한 로드무비의 오프닝처럼 만들어 주었다.

어디선가 개 한 마리가 나뭇가지를 입에 문 채 나타났다. 가지를 집어 멀리 던져주니까 번개같이 달려가서 물고 온다. 녀석과 장난치며 걷다 보니 멀리 건물이 보이기 시작한다. 신이 날 만하니 끝인 건가, 괜히 으쓱하며 한걸음에 달려가서 문을 열었다.

아, 근데 여기가 아니라고요?! ⟳

04

전우의 등장

Saint Jean Pied de Port
→ Orisson

주방에서 나온 여주인이 여기는 매점이고 알베르게는 더 올라가야 한단다. 산길을 한참 더 걷고서야 건물이 나타났다. 문으로 들어서니 알베르게를 관리하는 봉사자인 오스피탈레로Hospitalero가 비에 젖은 우리를 반갑게 맞아준다.

숙소라기보다 흡사 대피소 같지만 하루 치의 걷기가 끝났다는 사실만으로도 며칠 묵었던 호텔보다 아늑하게 느껴진다. 작은 방에는 2층 침대가 다섯 개 놓여 있다. 하얀 머리의 동양인 할아버지가 문 앞 침대에 누워 작은 문고판 책을 읽다 말고 우리를 쳐다본다. 도쿄에서 온 요시오 상이다. 그는 40년 동안 고등학교에서 기술을 가르치다가 얼마 전에 퇴직하고 배낭을 꾸렸다고 한다. 산티아고에 도착한 후 스페인의 다른 곳까지 걸어서 돌아볼 거라고 말하는 그의 눈이 마치 꿈꾸는 소년같이 맑다.

그때 어디선가 "청단! 홍단!" 소리가 들린다. 웬 환청인가 싶어 고개를 돌려보니 한국인 아주머니가 침대에 누워 핸드폰 게임을 하고 있다. 여기까지 와서 고스톱 게임이라니. 절대 친해질 리 없겠다고 단정 짓다가, 문득 엄마도 혼자 이 길에 올랐다면 비슷한 광경을 연출했을지도 모르겠다는 생각이 들었다.

고스톱 아주머니의 매력은 저녁 식사 시간에 본격적으로 드러났다. 스무 명 남짓한 순례자들이 벽난로 앞 식탁에 둘러앉아, 돌아가며 자기소개를 했다. 스페인과 프랑스를 비롯해 독일, 미국, 영국, 호주, 네덜란드, 핀란드 등 세계 각국의 사람들이 모였다. 사연도 다양하고, 부부, 자매, 친구, 연인 등 조합도 다양하다. 이제야 카미노에 온 것이 조금씩 체감되던 차에 고스톱 아줌마 차례가 되었다.

이름은 '이애순', 유창한 영어로 자기소개를 한다. 한국 사람이지만 마이애미에서 40년을 살고 있단다. 큰 목소리 따라 사람들의 환영 박수 소리도 크다. 식사 시간 내내 그녀가 앉은 테이블이 가장 소란스러웠다. 웃음소리가 식탁을 들썩였다.

여덟 번째 카미노를 걷는다는 장 마리 할아버지도 일어났다. 대체 어떤 길이기에 여덟 번씩이나 온 걸까. 사람들이 소중한 보물을 설명하듯 이 길에 관한 각자의 사연을 더하자 식당이 거의 입영 전야의 환송파티 같다. 그가 선창하며 가르쳐준 '순례자의 노래'가 마치 행진곡처럼 들린 것도 그 때문이었을까.

Tous les matins nous prenons le chemin,
Tous les matins nous allons plus loin.
Jour après jour, la route nous appelle,
C'est la voix de Compostelle.
Ultreïa! Ultreïa! E sus eia Deus adjuva nos!

매일 아침 우리는 길을 나서네.
매일 아침 우리는 더 멀리 떠나네.
매일매일, 이 길이 우리를 부르네.
그것은 바로 산티아고의 목소리라네.
전진하자! 전진하자! 이렇게 신께서 우리를 도와주시니!

영진과 나는 좋다고 '울트레~에이~야!'를 힘껏 부른다. 군대에서 처음 군가를 배우던 때의 목청 그대로, 부르면 부를수록 전투력이 상승하는 이 신비한 노래를. 내일 아침이면 우리는 본격적으로 길을 나선다. 더 멀리 떠난다. 하지만 벌써 든든한 전우들이 생겨 두렵지 않다. 산티아고가 우리를 부르고 있다.

05

피레네의 폭설에
갇히다

Orisson, France
→ Roncesvalles, Spain

밤새 독일 아저씨가 코를 골았다. 잠귀 어두운 내가 깰 정도로 줄기차게 이어져서 다시 잠들지 못하는데 엄마의 뒤척이는 소리가 들렸다. 엄마는 낯선 곳에서 모르는 이들과 같은 방에서 잠을 잔 적이 있었을까. 사람 북적이는 노래방이나 찜질방조차 좋아하지 않는 그녀에게 이 모든 것은 엄청나게 낯선 풍경일 것이다.

결국 엄마가 일어났고 나도 깨어있음을 알린다. 어느새 영진도 벌떡 일어나 앉았다. 제일 부지런한 순례자라도 된 듯한 뿌듯함도 잠시, 아침을 먹고 느긋하게 준비하는 사이에 다른 사람들이 몽땅 먼저 출발해버렸다. 매일 일정한 거리를 걸어야 하는 만큼 모두 부지런하게 움직이는 것. 우리도 한시적으로 다섯 시면 깨고 여섯 시면 출발하는 아침형 인간이 되어야 한다.

해는 뜬 것 같지만 표가 안 날 정도로 컴컴하다. 이 흐린 날씨에, 피레네 산맥을 넘어야 한다. 게다가 오늘 걷는 나폴레옹 길Ruta de Napoleon은 카미노Camino[1] 전체에서 가장 힘들다고 알려진 구간이다. 그 사이 또 야속한 비가 부슬거린다.

한 시간쯤 걸었을까. 비가 잠시 그치는가 싶더니 눈이 되어 내리기 시작했다. 순식간에 풍경이 무채색으로 변한다. 봄이 온 줄 알고 피던 보라색 꽃도, 고산지대에만 자란다는 노란 꽃무리도 흰 눈을 뒤집어썼다. 얼마 가지 못해 앞선 사람들의 흔적이 보이지 않고 길을 잃을 수 없을 정도로 잘 보인다는 카미노 길잡이 노란화살표[2]도 사라져간다.

그때 멀리서 처음 보는 두 사람이 걸어온다. 새벽에 생장피에드포르에서 출발했다는 이들은 이종격투기 선수같이 생겨놓고서 눈 때문에 도저히 앞으로 나아갈 수가 없단다. 같이 하산하자는데 우리에겐 제대로 걷는 첫날이 아닌가. 조금씩 이 길에 욕심이 생기는데 멈추기는 싫다.

반면 퍼붓는 눈보라 때문에 체온이 떨어져가는 것도 사실이다. 설상가상으로 몇 분 지나지 않아 길조차 눈에 파묻혀버렸다! 설원을 걷던 반지원정대라도 된 듯, 앞은 까마득하고 뒤를 봐도 막막하다. 어쩌지. 머리가 제일 먼저 얼어버린 것만 같다.

그때 엄마의 표정이 눈에 들어왔다. 아무 말도 하지 않았지만 분명 두려움에 떠는 눈빛. 아뿔싸, 나는 지금 엄마와 함께였지. 홀로 떠난 배낭여행도 아니고, 맘 맞을 땐 같이 가고 따로 둘러보아도 그만일 친구랑 하는 여행도

---

[1]
'길'이란 뜻의 스페인어로 이 책에서는 산티아고 데 콤포스텔라까지 이어지는 순례길들을 이른다.

[2]
순례길의 나무나 전신주, 도로 바닥, 집의 담장 등에 그려진 길 안내 표시. 노란 화살표와 함께 카미노 표지판도 거점마다 잦게 있는 편이다.

아니고, 돌발 상황에 내가 보호해야 할 엄마와 하는 여행 중이다. 서울 아닌 이곳이기에 부디 든든한 아들이어야 하는 순간이다. 거기까지 생각하니 망설일 필요가 없다. 앞서 간 오리손 멤버들 중 아무도 돌아오지 않았으니 더 갈 수 있다며 원정을 감행하자던 영진을 잡아끌고 거꾸로 걷기 시작했다. 아쉽지만 일단 엄마를 안심시켜야 한다.

생각보다 빨리 아침에 떠난 알베르게가 나타났다. 주인장이 달려 나와 폭설주의보가 내려 입산이 통제되었단다. 돌아오길 잘했다고 몇 번이나 우리를 다독인다. 그가 내어주는 뜨거운 카페 콘 레체Café con Leche, 스페인식 카페라테 한 잔에 긴장이 풀려버렸다. 셋이서 말도 없이 쓰러지듯 의자에 주저앉았다.

06

그럼에도
우리는 걷자

Orisson
→ Roncesvalles

잠시 후 다시 길을 나섰다. 이 난리를 치고서 금세 발걸음을 뗄 엄두가 나지 않았지만, 오스피탈레로의 이야기로는 내일도 모레도 폭설이 예고되었단다. 차라리 눈이 내리지 않는 우회로로 데려다 줄 테니 그 길로 론세스바예스Roncesvalles까지 가는 편이 나을 거라나. 시작부터 머뭇거리기도 싫고 그의 호의가 고맙기도 해서 지프에 올라탔다.

가파른 산길을 따라 피레네 산맥을 곡예 하듯 내려와 프랑스 국경을 넘어 드디어 스페인 땅으로 들어섰다. 생장피에드포르에서 8킬로미터 떨어진 주유소에서 내려 다시 길 위에 섰다. 피레네 산맥을 넘는 두 가지 길 중 도로를 따라 난 우회 카미노인 발카로스 길Ruta de Valcarlos이다. 산맥을 둘러가는 평지 길이라 멀긴 해도 편한 선택이다. 걷다 보니 멀리 눈 덮인 피레네 산맥이 보인다. 산봉우리에만 눈이 쌓여 있긴 해도 유독 가파르다. 한창 폭설이 내리고 있는 봉우리를 넘는다는 건 불가능해 보이는데, 끝내 내려오지 않은 애순이 아줌마랑 요시오 상은 무사할까.

저녁이 되어서야 론세스바예스 알베르게에 도착했다. 줄을 서서 접수를 하고 애순이 아줌마부터 찾았지만 보이지 않는다. 결국 밥부터 먹자고 간 식당에서 외국인 순례자들과 신나게 이야기를 나누는 그녀를 발견했다. 눈이 쌓여 길조차 사라지고 오도 가도 못하게 되자 주섬주섬 여덟 명이서 무리를 만들었다고. 그중 한 명이 가진 GPS 수신기에 의지해 미끄러지고 넘어지고 구르며 왔단다. 덕분에 엄청 일찍 도착했다며 이 상황에도 깔깔댄다.

요시오 상은 장갑이 없어 동상에 걸렸다며 손을 펼쳐보이는데, 잘 펴지지도 않는다. 말문이 막혔다. 간편한 복장만 챙겨서 장갑이 없는 영진과 걸음이 느린 엄마, GPS도 없는 우리가 산에 갇혔다면? 생각하기도 싫은 일이다.

알베르게 곳곳에서 오리손 멤버들을 만나 서로의 안부를 확인했다. 전우의 생존을 확인하는 군인의 마음이 이럴까. 다들 넘어지고 미끄러져 타박상은 생겼지만 무사해 보인다. 문득 무시무시하던 눈보라가 한 가지 선물을 주고 갔다는 생각이 든다. 아니라면 어제 처음 본 사람끼리 하루 만에 얼싸안을 정도로 끈끈해질 수는 없었을 테니까. 모두 무사해서 다행이다. 무엇보다 엄마가 무사한 게 제일 다행이다. ◎

07

아빠를 위한
생일카드

Roncesvalles

아빠, 아들입니다. 한국은 내일이겠지만 그곳보다 일곱 시간이나 느린 이곳은 아직 오늘이니까 생신 안 지난 거 맞죠? 축하합니다. 엄마랑 저는 다행히 잘 살아 있어요. 제일 걱정하던 피레네 산맥을 넘고 알베르게에서 쉬는 중이에요.

엄마는 걷는 중에 '풀숲 화장실'을 이용했다가 벌레인지 독초인지에 허벅지를 쏘였대요. 따갑다며 누워 있다가 잠들었어요. 내가 보기엔 별것 아닌데 잠들기 전 엄마 표정은 다시는 깨어나지 못할 듯한 눈빛이었어요.

달래는 말이라도 몇 마디 해줬어야 하는데 이런 건 아빠를 닮았는지 표현을 못 하겠어요. 무뚝뚝할지라도 아빠랑 함께였다면 엄마가 그런 표정으로 잠들진 않았을 것 같아요. 며칠 걷지도 않았지만 벌써 아빠의 빈자리가 느껴져서 괜히 마음이 심란해요. 내일부터는 내가 아빠라고 생각하고 더 든

N

든해질게요. 엄마가 아침에 일어나서도 몸이 안 좋으면 순례자 병원부터 알아볼 테니 걱정하지 마세요.

　온 가족이 같이 시간을 보내도 부족할 날에, 먼 피레네 산자락에서 카드 한 장으로 마음을 대신 전합니다. 엽서 앞면에 피레네 산맥을 같이 넘었고 앞으로 이 길에서 함께할, 세계 각국의 친구들이 자기 나라말로 축하 인사를 적어줬어요.

　다음번에는 셋이서 걸어요. 내 가방에 있는 엄마 짐은 아빠가 들어주고요. 하하. 아빠, 언제나 감사하고 많이 사랑합니다.

론세스바예스 알베르게 침대에서
아들이 보냅니다. ☺

08

어르신 음악대
전격 결성!

Roncesvalles
→ Zubiri

엄마의 걸음은 느리다. 젊은이들은 우리를 지나쳐 훨훨 날아가는 것만 같은데, 나도 혈기왕성한 나이라 은근히 자존심이 상한다. 그렇다고 엄마를 보챌 수도 없으니 속으로만 애가 탈 뿐이다. 영진과 나는 엄마 앞뒤에 서서 박자를 맞춰 걷는다.

하지만 느려서 얻는 즐거움도 있다. 우리를 지나치는 많은 순례자와 인사 나눌 수 있고 때로는 동행자가 된다는 것. 대부분 아저씨나 아주머니, 아니 할머니나 할아버지일 공산이 크긴 하지만. 그렇게 오늘도 어르신 친구들이 몇 명 모여 음악대 하나를 결성했다.

등장인물

엘렌 아주머니

미국 콜로라도에서 왔다. 나이를 가늠할 수 없지만 엄마와 비슷한 50대 중반으로 짐작된다. 순례자들에게서 볼 수 없는 레깅스에 고무줄 치마, 하늘색 바람막이 점퍼 차림의 하늘하늘한 패션이 그녀의 트레이드마크.

아른트 할아버지

독일에서 온 할아버지. 연세가 아주 지긋해 보이지만 짐을 실은 수레를 끌며 꾸준히 걸을 만큼의 체력은 있다. 할아버지의 뒷모습을 보고 있으면 도쿄에서 한국으로 보내버린 우리의 수레가 잠시 그리워진다.

얄머 아저씨

겉으로는 제일 튼튼해 보이는 네덜란드 아저씨. 사실은 다리에 큼지막한 인공 관절이 박혀 있다. 걷기 힘든 몸으로도 이 길을 택한 수많은 사람 중 한 명. 배낭에는 순례자가 피해야 할 물품 중 하나인 장우산이 당당히 꽂혀 있다.

엄마

한국에서 온 50대 후반의 아주머니. (비공식) 카미노 최단신 순례자로, 짧은 다리와 허리 디스크 수술이라는 약점을 갖고 있지만 뜻밖에 잘 걷는다. 이 길에 전혀 어울리지 않는 챙이 넓은 꽃 모자를 쓴 덕분에 지나가는 순례자들의 카메라 세례를 받기도 한다.

1.

걷다 보니 어제 저녁 식사를 같이 한 엘렌 아주머니를 만났다. 그녀가 이토록 느린 이유는 손에 들린 봉지 때문이다. 순례길에 떨어진 쓰레기를 일일이 줍느라 저속으로 걷는 우리와 속도가 맞먹는 것. 그뿐만이 아니다. 길 위에 생긴 물웅덩이를 보면 나무 막대기로 물길을 내고, 자전거 순례자들을 위해 머리에 닿는 나뭇가지를 꺾어 멀리 풀숲으로 던진다. 대단한 사명감은 아니라 했다.

"어렸을 때 스카우트로 활동했고 커서는 환경단체에서 자원봉사를 했어. 단지 마음에 걸리고 누군가 다칠까 봐 걱정이 되어 시작했지. 내가 좋아서 하는 일인걸."

베푸는 일이 몸에 배어 있는 그녀가 아름다워 보인다. 지나간 자리까지 아름다워지는 것은 물론이다. 우리도 엘렌 아주머니와 함께 눈에 보이는 쓰레기를 주우며 조금 더 느린 속도로 수비리Zubiri를 향한다.

2.

고개를 오르는데 바람이 불기 시작한다. 어제의 눈보라가 생각나는 매서운 바람이다. 4월의 카미노지만 완연한 봄이 오려면 멀었나 보다. 담요를 꺼내 등에 두르고 돌길을 걷는데 수레를 끌며 올라가는 할아버지가 보인다. 엄마와 약수터 수레 사건을 이야기하며 잠시 웃다가 도와드릴 작정으로 다가갔다.

"고마운데 괜찮아. 배낭을 메는 게 불편해서 대신 수레를 끄는 거야. 순례자라면 자기 짐은 자기가 책임져야지. 내가 할 일을 해낼 수 있는 방법으로 소화하고 있는 것뿐이야."

아른트 할아버지의 바른 마음이 그대로 전해져 한 발짝 물러섰다. 그렇다. 혼자서도 할 수 있는 소중한 일을 우리 맘대로 가로막으면 안 될 것이다. 대신 그와 함께 걷기로 했다.

3.

쉬고 있는 얄머 아저씨를 만났다. 힘든 기색이 역력하다.

"인공관절 때문에 무리하면 안 되니까 조금씩 걸으려고. 갈 수 있는 데까지만 걷고 다음 휴가 때, 그다음 휴가 때 와서 계속 걸을 거야."

우리처럼 큰맘 먹지 않고도 산티아고에 쉽게 올 수 있다니 부럽다. 거리나 금액 부담이 훨씬 적은 덕분이기도 하지만, 한 방에 빨리 끝내야 한다는 강박 없는 느긋한 삶의 태도가 제일 큰 이유일 테다. 완주가 아니라 걷는 과정 자체가 목적이고 이유인 사람들. 부러운 마음을 감추지 못하는데 마침 그가 성악가 같은 목소리로 노래 한 소절을 부른다. 봄이 시작되려는 이 자연을 깨우는 듯한 우렁차고 멋진 목소리다. 흥이 날 때 하는 노래라 더 멋지게 들리는지도 모르겠다.

"아저씨, 무슨 노래예요?"

"네덜란드의 민요야. 바다를 항해하는 선원들이 부르는 노래지."

"이 길을 항해하는 우리와도 어울리는 노래네요."

"한국 노래도 불러봐. 산이나 바다 혹은 이 길과 어울리는 노래 있니?"

'산할아버지'와 '섬집 아기' 메들리를 부른 영진과 나를 시작으로 각국의 노래가 하나씩 튀어나왔다. 엘렌 아주머니가 영화 〈사운드 오브 뮤직〉의 주제곡을 부를 즈음에는 모두 점프하며 껑충껑충 뛰었다. 올드팝부터 성가, 동요까지, 말은 잘 안 통해도 허밍을 내뱉으며 한 무리가 되어 걷는다.

4.

사진을 찍으려고 잠깐 뒤에 남아 그들을 바라봤다. 마치 브레멘 음악대 같은 오합지졸이지만 퍽 사랑스럽다. 꽃 모자를 쓰고, 장우산이 배낭 위로 삐죽 솟아 있고, 주름치마를 흩날리고, 들썩이는 수레를 끌면서 춤추며 걷는 어르신들이.

이런 경험은 흔치 않으리라. 지나쳐가는 젊은이들이 대수롭지 않게 여겨진다. 아니, 활짝 길을 열어 비켜줄 수도 있겠다. 영진과 나는 서로 바라

보며 씽긋 웃었다. 덩실덩실 춤추며 산티아고 어르신 음악대의 꽁무니에 슬
며시 따라붙었다. ☺

09

담요 같은
봄바람이 분다

Roncesvalles
→ Zubiri

"여기도 자리가 없대요."

"사설 알베르게도 다 찼다고 그러네."

산티아고 음악대의 흥겨운 기운이 가시기도 전, 수비리에 도착한 뒤 문제가 생겼다. 너무 느긋하게 걸었던 탓일까. 알베르게에 자리가 하나도 없다. 공립 알베르게뿐만이 아니라 새로 생긴 두 군데의 사설 알베르게까지 다 꽉 차버린 것이다. 80유로짜리 마지막 남은 호텔 방도 같이 걷던 엘렌 아주머니가 들어갔으니 이 동네에 누울 만한 침대는 한 개도 남지 않은 셈이다. 셋다 조용해졌다. 말도 안 통하는 스페인 시골 마을에서, 봄이 채 오지도 않은이 날씨에 비박을 하게 생겼으니 말이다. 오랜 침묵을 깨고 영진이 말했다.

"공립 알베르게에 다시 한 번 가봐요. 복도나 바닥에서라도 잘 수는 있겠죠, 뭐."

결국 다시 오래된 폐교같이 생긴 그곳에 가서 자초지종을 설명했다. 아까는 방이 없다고만 하던 무표정한 여자 오스피탈레로가 건물이 하나 더 있다며 침대 없이 한 방에 다 같이 누워 자는 것도 괜찮으면 묵어보라고 한다.

"한 방이면 어때? 실내에서 잘 수 있다는데!"

금세 기분이 좋아져 껄껄댔는데, 그녀가 가르쳐준 건물의 문을 열고 들어서다 말문이 막혀버렸다. 바람이 그대로 들어오는 구멍 난 천장 아래에 'Since 1947'이라 적힌 게 보인다. 벽을 보니 이상한 눈금과 숫자 표시가 있다. 비슷한 흔적이 있는 건물을 두고 스페인 순례자가 펠로타Pelota¹ 경기장이라고 했던 기억이 난다. 그러니까 여긴 낡은 체육관인 것이다. 실내라기보다 실외로 분류하는 게 더 어울리는.

한쪽 코너에 쌓여 있는 매트리스라도 깔면 나을까 해서 들춰보니 곳곳에 갈색 얼룩이 만개했다. 카미노를 걷기 시작하며 제일 걱정하던 것 중에 하나가 베드버그Bedbug였는데, 이거야말로 베드버그가 장렬히 전사한 흔적이 아닌가! 엄마도 얼굴을 찌푸리더니 매트리스를 손에서 놓아버렸다. 그녀에겐 아마 지금이 인생 최대의 난관일 테다. 물론 나도 그리 즐겁지 못하다. 지저분한 매트리스와 비박이나 마찬가지의 입김조차 얼 것 같은 체육관 바닥이라니. 생각보다 시련이 너무 빨리 왔다.

그때 체육관 문을 열고 우리보다 더 늦게 도착한 지친 순례자들이 들어온다. 머뭇거릴 새도 없이 셋이 동시에 매트리스를 잡았다. 베드버그가 향연을 벌였다지만 아무렴, 이것마저 빼앗길 수는 없으니까. 소용이 있을지 모르겠지만 한국에서 가져온 베드버그 스프레이를 한껏 뿌리고 자리를 깔았다. 그리고 자기 전까지 휴게실이나 식당에 피신 가자고 만장일치를 한 뒤 얼른 체육관을 빠져나왔다.

1
두 명 혹은 네 명이 라켓이나 손바닥을 이용해 공을 벽에
치는 경기. 스페인식 테니스라 할 수 있다. 프랑스 길이
시작되는 바스크 지방(Pais Vasco)을 걸을 때 종종 담벼락을
이용한 간이 펠로타를 즐기는 아이들을 볼 수 있다.

휴게실에서 한국인 순례자 부부를 만났다. 애순이 아줌마 이후로 처음 만나는 우리나라 사람들이다. 미국에 사는 시몬 아저씨랑 스텔라 아주머니. 알베르게 위층에 한국인이 더 있더라는 이야기를 듣는데 마침 내 또래로 보이는 그들이 우르르 들어온다. 서림, 가희, 지인, 나경. 모두 여자아이들이었다. 어디에서 왔느냐, 누구랑 왔느냐, 우리말로 수다를 떠니 답답한 마음이 조금 괜찮아졌다. 체육관 이야기를 듣더니 견학을 재촉한다. 그리고 문을 열자마자 비명을 질러댄다. 여긴 사람 잘 곳이 아니라나?

호들갑스럽게 굴어 우리 마음에 다시 구름이 드리운 게 미안했던 걸까. 아니면 아무래도 걱정이 된 걸까. 조금 후 그들은 담요와 베개를 한가득 안고 돌아와 우리 팔에 안겨주었다. 시몬 아저씨가 말했다.

"우리는 실내에서 자니까 침낭 뒤집어쓰면 괜찮아요. 그리고 내 침대 위가 계속 비어 있던데 아무래도 사람이 없는 것 같아요. 대한이 어머니 올라와서 주무세요."

시몬 아저씨 부부와 애순이 아줌마, 그리고 한국 아이들의 마음 씀씀이 덕분에 순식간에 추위가 누그러졌다. 게다가 엄마가 실내에 묵는다니 걱정도 사라졌다. 영진과 나야 추억이라 생각하면 하루쯤 어디인들 못 자랴. 그제야 체육관에 묵는 다른 순례자들이 보였다. 심지어 '베드버그 매트리스'조차 부족해서 바닥에 그냥 드러누운 사람도 있다. 영진과 나는 각자 쓸 담요만 남기고 재난 지역의 구호물품이라도 나눠주듯 담요를 돌렸다.

"친구들이 가져다준 담요예요. 저희 쓰고도 남아서 드리는 거니까 덮으세요."

북극의 한복판에 있는 것처럼 꽁꽁 얼었던 사람들의 표정이 담요 한 장으로 봄이 온 것처럼 밝아진다.

아침, 영진은 더워서 바지를 벗고 잤다는 너스레를 떨었다. 이불 밖으로 내놓은 코끝은 빨갛게 얼어 얼얼했지만 뜨끈한 마음을 덮고 잤으니까. 그리고 나누었으니까. 어느덧 카미노 위에도 한 줄기 봄바람이 불기 시작했다.

10

우리
그냥 집에 갈까?

Zubiri
→ Pamplona

"우리, 집에 갈까?"

팜플로나Pamplona의 낡은 오스탈Hostal에서 엄마가 말했다. 수비리의 고난 이후 오로지 일찍 도착해 숙소를 잡아야 한다는 생각에 아침도 먹는 둥 마는 둥 하며 부리나케 걸어왔다. 심지어 카미노에서 네 번째로 큰 도시라는데 어떤 풍경이었는지 기억나는 게 하나도 없을 정도다. 그런데도 제일 크다는 알베르게의 줄이 심상치 않았다. 여권을 꼼꼼하게 확인하느라 접수가 늦어지자 줄이 더 길어진 것이다. 가이드북 정보를 보니 침대가 114개 있다. 우리보다 열댓 명쯤 앞에 서 있던 애순이 아줌마가 우리를 발견하고 소리를 지른다.

"지금 도착한 거예요? 내가 97번째니까 간당간당한 것 같아요. 한 번 세어봐요!"

맙소사. 우리 앞사람이 딱 114번이다. 그 사이 영진이 다른 알베르게 자리를 알아보았지만 거기도 바로 앞에서 침대가 동났단다. 몇 군데 더 돌아 다니다 숨을 헐떡이며 돌아온 영진은 모든 알베르게가 다 찼다는 비보를 전해준다. 그러다가 간신히 물어물어 구한 곳이 오스탈. 우리나라로 치면 여관이나 민박 같은 저렴하고 오래된 숙박업소다. 벨을 누르고 한참을 기다린 후에야 내려온 할머니를 따라 침대만 두 개 놓인 좁은 방에 들어가 앉은 참이었다.

"내 걸음이 느려서 그런 거잖아. 자꾸 숙소를 못 잡는 거 말이야."

"엄마 때문이 아니에요. 우리 뒤에 서 있던 사람도 많았잖아. 그냥 서서히 성수기가 되는 시점이라 사람이 늘어나서 그래요."

말은 그렇게 해놓고도 마음이 복잡하다. 걷는 동안 슬쩍 보았던 영진의 곤란한 표정도 떠올랐다. 타이어를 허리에 맨 채 달리는 육상선수처럼 억지로 걸음을 늦추려니 힘든 걸 숨길 수 없겠지. 나도 보통 때보다 느리게 걷는 게 쉽지 않다. 늦게 도착하고, 숙소를 못 구해서 부랴부랴 알아보고, 결국 불편한 숙소를 얻는 일의 반복.

보통 순례자들은 이른 아침 출발해 한 시에서 두 시쯤 알베르게에 도착하고 그날 치의 걷기를 마무리한다. 그들이 시에스타Siesta 한숨 자고 동네를 산책하거나 간식을 먹고 책까지 읽는 그 시간에, 우리는 늘 동네를 헤매는 것이다. 외딴 오스탈에 우리만 덩그러니 묵으려니, 순례자끼리 금세 막역한 친구처럼 웃고 이야기 나누는 알베르게의 온기 어린 저녁이 그리워진다. 날마다 이렇다면 이 길을 걷는 게 무슨 의미일까 싶다.

"사람들 모두 산티아고까지 갈 거 아니야. 이렇게 큰 도시인 팜플로나에서도 숙소 구하기가 힘든데 앞으로 작은 마을들에선 어떻게 묵겠어?"

"나도 모르겠어요. 내가 생각했던 순례길이랑 너무 달라요."

"산티아고 책들에 이런 이야기는 없었지?"

"아무 때나 느긋하게 숙소에 도착해서 친구들과 매일 밤 회포를 풀며 수다 떨다가 잠들기, 그런 내용이었지. 걷는 게 힘들 건 예상했지만 이건

나도 당황스러워요."

"우리 그냥 집에 갈까, 진짜?"

"……."

그래놓고서 엄마는 늘 그랬듯 새벽 다섯 시에 일어났다. 인기척에 나도 잠이 깼다. 엄마 말마따나 내일이나 모레라고 상황이 달라질 리 없다. 아니, 봄이 짙어지면 순례자가 불어나고 숙소 잡기는 더 힘들 것이다. 그래도 엄마가 지금 일어난 건 걷겠다는 의미임을 잘 알고 있다. 혹시나 해서 지난밤 만들어둔 스페인식 샌드위치 보카디요Bocadillo를 챙겼다.

여전히 비가 내리고 있다. 묵묵히 짐을 쌌다. 걱정의 단어도 희망의 단어도, 오늘만큼은 금기어다. 그냥 고요하게 잠든 도시를 떠난다. 헤드랜턴을 켜고 우비를 쓴 채로 아무 일도 없었다는 듯이 걷는다.

언제나처럼, 우리 삶이 힘들고 암담할지라도 일단 한 걸음 더 묵묵히 내디뎌야 하는 것처럼. 🐚

11

용서의 언덕을
용서하는 법

Pamplona
→ Puente la Reina

"무슨 이딴 언덕이 다 있어! 용서의 언덕은 무슨! 우리한테 싹싹 용서를
빌어도 모자랄 언덕이네!"

비를 맞으며 페르돈 고개Alto del Perdón를 오른다. 스페인어로 페르돈Perdón
은 '용서'라는 뜻인데 대화 중에 쓰면 '죄송하다Perdón!'는 의미이다. 오늘만큼
은 용서의 언덕이 우리에게 무릎 꿇고 사죄해야 할 나쁜 언덕이다. 오를 때
는 경사가 완만하지만 내려갈 때는 급경사에다 자갈길이어서 난코스 중 하
나로 일컬어지는 곳이다.

내리막에서 부상이 많다는 이야기를 듣고 긴장한 참인데 오르막부터 심
상치 않다. 밤새 내린 비 때문에 길이 온통 진흙탕이다. 진흙이 꼭 찰떡같다.
신발이 빠지지 않는 것은 물론이고 어렵사리 신발을 떼어내면 진흙이 잔뜩
붙어서 걸을수록 발이 무거워진다. 앞서 가는 사람들을 올려다보니 모두 슬

로모션으로 언덕을 기다시피 오른다. 심지어 어떤 이는 신발이 안 빠진 채 발을 헛디뎌 망연자실 중.

여기에 비하면 이제껏 제일 큰 걱정이던 숙소 잡기는 차라리 사치같이 느껴진다. 조금 과장해서 이 언덕만 잘 넘을 수 있다면 다시 한 번 수비리의 체육관은 물론이고 길바닥에서도 잘 수 있겠다고, 사람이 이렇게 간사하다고, 엄마랑 노동요 같은 농담을 한 마디 나눈다.

다행히 정상에 올랐을 때부터 비가 그치고 안개도 개기 시작했지만, 내리막길은 알려진 대로 난코스다. 자갈밭이 이어지자 엄마가 멈췄다. 무릎이 아프다며 무릎 보호대를 꺼내 장착하고는 거북이걸음으로 절뚝거리며 스틱에 의지해서 다시 발을 뗀다. 엄마뿐만이 아니다. 얼마 지나지 않아 특히 아줌마들과 할머니들이 주춤거리며 못 걷는데 대부분 같은 증상이다. 무릎이 시큰거리고 다리가 후들거리기 시작한 것. 이미 진흙탕에서 발을 빼느라 무리하게 무릎에 힘을 준 상태에서 불안정하고 가파른 자갈길을 걷노라니 발이 엇나가는 탓이다. 평소에도 '뼈마디가 시큰거린다'는 대부분 어머니들의 무릎이 남아날 리 없다.

언덕을 다 내려오고도 엄마의 걸음이 너무 느린 탓에 걷고 쉬기를 반복하다가 문득 주변을 둘러보았다. 며칠간 숙소 걱정과 험난한 길 때문에 풍경을 바라볼 여유 없이 걸었는데 그 가혹한 언덕을 지나는 동안 완연한 봄이 온 게 아닌가. 눈 쌓인 둔덕은 사라지고 온통 노란 꽃이 핀 봄 들판으로 변해버렸다.

얼빠진 내 표정을 보더니 엄마도 주변을 둘러보고선 "와"하는 감탄사를 연발한다. 그러다 또 무릎이 시큰해서 "악!" 다시 풍경을 보고 "우와", 고작 790미터의 고개를 안나푸르나라도 등반하는 것처럼 고되어하던 게 얼마 전인데, 갑자기 여고생 같은 탄성을 질러대는 엄마를 보니 나도 웃음이 난다.

오늘까지 전체 여정의 팔분의 일쯤 걸었다. 겉으론 덤덤하게 굴었지만,

속으론 우리에게 주어진 30여 일의 시간 동안 과연 얼마
나 걸을 수 있을지 암담하게만 느껴지던 800킬로미터였
다. 하지만 오늘 같은 맘으로 걷다 보면 금세 마지막에
이르리라는 달콤한 상상을 잠깐 해버리고 말았다. 한약
한 사발 들이켠 뒤 입에 무는 사탕이 더 달듯, 고된 언덕
을 내려온 뒤 보는 이 길은 참으로 아름답다. 이만하면
용서의 고개를 용서할 수 있을 것 같다.

"엄마, 페르돈 고개 저놈 용서할 수 있겠어?"
"응? 근데 페르돈이 스페인어로 아저씨야?"
"아니, 왜요?"
"너 스페인 아저씨들 만날 때마다 페르돈 페르돈 하
잖아."
"아니, 페르돈은 실례합니다, 죄송합니다, 그런 뜻이
거든요. 엄마는!"

12

친구의 일기장을
훔쳐보다

→ Puente la Reina

페르돈 고개를 넘어 도착한 푸엔테 라 레이나Puente la Reina의 알베르게는
흡사 종합병동 같다. 이곳저곳에서 파스 냄새가 진동하고, '아이고'와 같은
뜻일 온갖 국적의 비명이 튀어나온다. 엄마는 도착하자마자 침대에 기절하
다시피 누웠고, 매일 우리보다 먼저 출발해 알베르게에서 재회하는 애순이
아줌마도 물집 때문에 난리다. 저녁 식사를 하러 계단을 내려오는 두 사람
의 걸음걸이가 비슷한 모양새로 절뚝거린다. 내일은 아무래도, 잠시 멈춰야
할 것 같다.

식사가 끝나니 식당이 조용해졌다. 평소처럼 그림 한 장 그리고 동네 구
경을 나서려는데 영진은 아직 일기를 쓰는 중이다. 같이 나가려고 그림을 조
금 더 끼적거리다가 곁눈질로 살짝 녀석의 일기를 읽어버리고 말았다.

2013년 4월 30일

팜플로나-푸엔테 라 레이나 구간은 진흙길과 내리막길로 요약할 수 있다.
무릎 안 좋은 어르신들께는 최악의 구간.
결국 내가 먼저 빨리 걸어서 숙소를 잡게 되었다.
우리는 모두 적당히 이기적이어야 한다. 지나친 배려가 서로 더 힘들게 하는 게 아닐까.
카미노는 같이 걸으면서 배우고 따로 걸으면서도 배우는 길인 것 같다.
배려와 결단, 그리고 서로에 대한 존중의 경계, 그 적절한 지점을 찾는 게 참 어렵다.
내일은 혼자 걸을 것 같다. 대한이 어머님이 걱정이지만 그게 맞는다는 생각이 든다.
이 결정이 우리를 위한 최선이길.
그리고 이 길 위 어딘가에서 다시 만날 수 있기를 바란다.

친구의 엄마와 아들의 친구. 서로 배려와 존중해야 하는 영진과 엄마의 입장이 동시에 느껴졌다. 엄마를 챙기느라 미처 들여다볼 새 없던 영진의 고충이 특히 마음을 무겁게 만든다.

책상을 정리하고 같이 석양을 맞으며 알베르게 앞 담벼락에 앉았다. 영진은 엄마가 자기를 신경 쓰느라 더 힘드실 것 같다는 이야기를 조심스레 꺼냈다. 나도 내일 엄마와 나는 쉬어가야 할 것 같다고 했다. 우리가 따로 걷기 시작하면 영진이 돌아가는 날까지 다시 만나지 못하리라. 영진의 원래 속도라면 하루에 30킬로미터쯤은 거뜬히 걸을 테니까. 하지만 그가 이미 '최선의 결정'을 내린 걸 알고 있다. 방으로 돌아와 영진의 배낭에 달린 조개껍데기[1]에 네임펜으로 얼굴을 그려줬다. 녀석, 이렇게 가방에 달고 걸으면 온종일 같이 걷는 기분일 것 같다고 너스레를 떤다.

이 길 위 어딘가에서 우리 다시 만날 수 있을까. 만나지 못한들 하나로 이어진 길 위에 서 있는 것만으로도 함께 걷는 것일지도 모른다. 어쩌면 인생도 마찬가지일 것이다. 다른 곳에 멀리 떨어져 각자 살아가는 우리도, 같은 시간 안에 사는 것만으로도 함께 살아가고 있다는 생각이 든다. ✺

1
산티아고 순례자들의 상징. 배에 실려 스페인에 도착한 산티아고의 유해에 조개껍데기가 붙어 그의 몸을 보호했던 것에서 유래되었다.
오늘날, 순례자들은 조개껍데기를 하나씩 배낭에 달고 걷는다.

13

하루쯤 쉬어가도
괜찮아

Puente la Reina

오늘은 우연하게도 진짜 메이데이, 5월 1일 노동절이다. 요 며칠 유독 사람이 많은 이유가 노동절 연휴에 잠깐이라도 걸으러 온 유럽 사람들 때문이라는 이야기가 들린다. 이 김에 걷기 노동자인 우리도 하루 쉬어가도 된다며 그럴싸하게 포장하고서, 일찍 출발하는 영진과 다른 순례자들을 배웅했다. 애순이 아줌마도 우리의 노동절에 동참하기로 했다.

어제까지는 가이드북과 생장피에드포르에서 나눠주는 추천 일정에 맞춰 다른 순례자들과 같은 거리를 걸었다. 하루 25킬로미터를 걷고 대표적 거점에서 쉬거나 하룻밤을 묵었다. 매일의 목표가 모두 같았던 셈이다. 결국 매일 같은 사람과 마주치게 되고 그다지 친하지 않은 순례자들은 친구보다 경쟁자처럼 느껴지기도 했다. 좋은 알베르게를 잡기 위해서는 어쩔 수 없는 일이었다.

"아들, 우리 내일부터는 갈 수 있는 만큼만 천천히 가자."

엄마가 먼저 이야기를 꺼냈다.

"내가 하려던 말이었는데! 우리 사람들 신경 쓰지 말고 조금 덜 걷는다고 생각하고 천천히 가요. 준비할 때부터 한 달 동안 걸을 수 있을 만큼만 가기로 했잖아요."

"응. 오늘은 우리 푹 쉬자. 내일을 위해서."

서울을 떠나온 지 열흘 남짓. 생장피에드포르에서 걷기 시작한 지 일주일 만에 주어진 첫 휴일인 셈이다. 하루에 한 장 그릴까 말까 하던 그림을 무더기로 그리고 엄마와 애순이 아줌마와 동네 구경도 원 없이 하고, 마을의 작은 성당에서 미사도 드렸다. 며칠 동안 젖었다 마르기를 반복하던 등산화를 햇볕 아래 바싹 말리고 담요와 옷가지도 탈탈 털어 널었다. 그리고 나도 볕을 쪼였다. 걷는 동안은 모자를 쓰고서 애써 가리던 거뭇해진 얼굴을 그대로 드러낸 채 누워서 낮잠도 잤다. 동네 바르Bar[1]에 들러 온갖 타파스Tapas에 레몬 맥주를 곁들이며 엄마와 실컷 수다도 떨었다.

이제껏 머문 알베르게며 마을은 완행버스를 타고 가다 잠시 정차하는 소읍이나 다름없었다. 하루 치 걷기라는 소임을 다했다는 생각에, 깊게 궁금해하거나 느르게 보지 못했다. 그저 스쳐 가는 작은 정류장 같던 이 마을도 쉬어가는 오늘 하루로 다르게 보인다. 멈추면 비로소 보인다 했던가. 그동안 보지 못했던 수많은 것들이 우리를 찾아온 것이다. 느긋한 하루 치의 여흥이 저물어 뉘엿뉘엿 해가 떨어질 때가 되어서야 바르에서 나왔다. 발그레해진 얼굴로 알베르게로 돌아가던 참이었다. 소나기가 내려 후다닥 달리다가, 하늘을 올려다보고 동시에 환호가 터졌다.

1
일종의 카페테리아. 순례자가 주로 아침이나 점심 그리고 화장실을 해결하고, 잠시 쉬어가기도 하는 곳. 주로 카페 콘 레체, 보카디요, 레몬 맥주 등을 판매한다.

"쌍무지개다!"

　어릴 적 아빠와 옥상에서 딱 한 번 봤던 쌍무지개가 하늘에 떠 있었다. 그때로 돌아가 어린아이가 된 것처럼, 도로 한복판에 서서 넋 놓고 바라만 봤다. 문득 '노아의 방주' 이야기가 떠올랐다. 모든 것이 끝나고 난 뒤, 신이 구름 사이로 무지개를 띄웠다던가. 더 이상 고난을 주지 않겠다는 약속을 무지개로 표현한 셈이다.

　우리에게도 저 무지개가 지난 한 주 동안의 고난이 다 끝났다는 뜻이라면 좋겠다. 이 길이 딱 오늘만큼만 유쾌하기를 빈다. 더 느리게 걷고 가끔은 이렇게 멈췄다 가야겠다고, 길을 음미하는 느린 방법을 찾아봐야겠다고 되뇌인다.

14

종이학

Puente la Reina
$\rightarrow$ Villatuerta

오리손 알베르게에서 기관차같이 코를 골아서 경계대상 1호가 되었던 독일에서 온 발데마Waldemar 아저씨. 어리바리한 사고뭉치이기도 한 아저씨는, 심지어 저녁 식사 때 비행기를 접어 날리다가 외국 아주머니 뒤통수를 콕 찍어 한 소리를 듣기도 했다. 그런 그가 그날 저녁 나에게 찾아와서 종이학을 접어달라고 했다. 내 습관 중에 하나가 '껌 종이나 영수증으로 종이학 접기'인 게 다행이다. 식탁에 깔려 있던 종이매트를 잘라서 큼지막한 종이학 한 마리를 접어 줬더니, 그 문제의 비행기를 건네준다. 순식간에 물물교환이 되어버렸다. 그가 종이학을 왜 필요로 하는지, 그리고 내가 이 비행기를 언제 날려보낼지도 모르지만 우선 작은 보조가방에 넣어두기로 했다.

푸엔테 라 레이나를 지나 잠시 쉬던 바르에서 일주일 만에 그를 다시 만났다. 내 가방에 담긴 그의 종이비행기가 가방 안에서 계속 흔들려 찢어질 때쯤이었다. 발데마 아저씨가 우리 일행을 발견하자마자 반갑게 달려온다.

"그때 접어준 종이학, 다시 접어줄 수 있어? 집사람한테 편지 쓸 때 같이 넣어 보내려고 했는데, 어디서 잃어버렸는지 모르겠어. 아무리 찾아봐도 없네. 만나는 동양 사람마다 종이학 접을 수 있냐고 물어봤는데, 아무도 못 접었어. 심지어 요시오 상도 말이야."

"그래요. 다시 접어줄게요. 근데 왜 부인이랑 같이 오시오 않고 혼자 왔어요?"

"집사람이 암 투병 중이야. 오랫동안 이 길을 같이 걷고 싶어 했는데 지금은 여기까지 올 수 없을 정도로 약해졌어. 그래서 아내를 응원하는 마음으로 혼자 걷고 있어. 편지를 썼는데, 편지에 종이학을 같이 동봉한다고 적어버렸거든. 근데 네가 접어준 종이학이 없어져서 편지도 못 부치고 있었어. 하하."

가슴이 서걱거렸다. 종이를 찾기 시작했다. 바르에서 구할 수 있는 가장 예쁜 종이는 알베르게 광고 전단이었다. 그중에서도 제일 화려한 부분들을 잘라서 종이학을 접었다. 내가 두 마리, 그리고 옆에 앉은 엄마도 한 마리. 그녀를 위한 우리의 기도까지 가득 담아, 천천히 정성스럽게 꾸욱 눌러 접었다.

아이같이 좋아하던 아저씨의 웃음을 잊을 수 없다. 우리의 소원이 학의 날갯짓과 함께 저 멀리 그녀에게 전해졌을까. 그랬을 거라고 믿는다. 이 길을 걷는 동안, 엄마와 함께 그녀를 위해서도 기도하기로 한다. 그리고 내 가방 속에서 거의 분해된 그의 비행기도 파일에 조심히 옮겨 담는다. 한국에 돌아가면 테이프로 붙여 다시 잘 놔둬야지.

언젠가 소중한 꿈이 생기는 날, 혹은 그의 아이 같은 웃음이 그리워질 어느 날, 마음을 가득 담아 옥상에 올라가 던져보기로 한다. ✿

15

카미노 가족의
탄생

Villatuerta
→ Villamayor de Monjardín

영진이 돌아왔다.

오늘의 목적지이자 산 정상에 있는 마을 비야마요르 데 몬하르딘Villamayor de Monjardín에 거의 다 올랐을 때였다. 언덕 꼭대기에서 황당하게도 영진이 달려왔다. 여기서 우리를 기다린 걸까. 녀석은 엄마와 포옹을 풀고서야 20킬로미터나 떨어진 로스 아르코스Los Arcos까지 갔다가 되돌아왔다며 헐떡인다.

"거꾸로 걸으니까 순례자들을 다 만나는 거야. 산티아고를 향해 걸을 때는 걷는 속도가 맞는 몇 명만 길 위에서 만나잖아. 근데 오늘 하루만 백 명은 만난 것 같아. 만나는 사람마다 왜 거꾸로 걷느냐고 물어보더라고. 유명인사가 된 기분이었어."

그냥 웃음이 나왔다. 왜 돌아왔느냐는 질문은 접어두기로 한다. 이렇게

태연하게 돌아온 녀석이 반가울 뿐이다. 영진의 복귀 기념으로 오늘 저녁 식사는 요리해 먹기로 했다. 동네 슈퍼마켓에 가서 나비 모양의 파르펠레 파스타면, 토마토, 계란, 감자를 샀다. 어떤 요리를 할지 잠시 고민했는데 애순이 아줌마가 마이애미에서 공수해온 라면 한 봉지가 있어서 근사한 메뉴가 되었다. 이름하야 '라면맛 노스탤지어 파르펠레 수제비 파스타'. 좀 고급스러운 라면이랄까. 이름은 참 그럴싸하다. 애순이 아줌마는 '국적불명 토마토 계란찜'을 만들어 식탁 위에 올렸다. 스페인 계란요리인 토르티야 데 파타타 Tortilla de Patata와 비슷하고 우리네 계란찜 같기도 하다. 넷이 오랜만에 둘러앉아 이른 저녁 식사를 한다.

"라면 수프가 들어가니까 여기가 알베르게인지 우리 집 부엌인지 모르겠어요."

"그러게. 마법의 양념이지. 이거야말로 '위로의 레시피'네."

"맞아. 김치만 있으면 딱 좋은데."

마치 어느 평범한 가족의 저녁 식사 같다. 엄마 둘에 아들 둘이긴 해도 다를 게 뭐 있을까. 파스타 국물과 계란찜이 뜨끈하다. 할머니의 따뜻한 손이 등을 느리게 쓸어내리는 느낌이다.

"우리, 그러고 보니까 다 '이' 씨네. 영진이도 대한 어머님도, 저도 신애순이지만 미국에서 결혼해 남편 성을 따랐으니 '이'애순이 되었고요. 대한이도 엄마 아들이니까 이 길에서는 원대한 하지 말고 '이'대한 하면 되겠다."

"그럴까요? 진짜 한가족 같네요."

"우리, 이씨가 넷이니까 콰트로 리Cuatro Lee라고 부를까요?"

"으하하. 무슨 걸그룹 이름 같다. 좋아요, 좋아!"

순식간에 우리는 '콰트로 리'가 되었다. 내내 그래온 것처럼 애순이 아줌마가 영진을 "아들~"하고 불렀고, 그렇게 영진은 그녀의 '카미노 아들'이 되었다. 넷이서 길 위의 가족이 되었다.

늦은 밤, 알베르게에서 하는 묵상 모임에 참석한 뒤 잠시 벤치에 앉아 이런저런 생각을 했다. 영진은 어떻게 갔던 길을 되돌아왔을까. 나라면 그럴 수 있을까. 모두가 쉬지 않고 앞으로만 가는 이 길에서, 그리고 우리 삶에서, 감히 되돌아갈 생각을 할 수 있을까.

내일 다시 헤어진다고 해도 오늘만은 넷이 되어 좋은 밤이다.

라면맛 노스탤지어 파르펠레 수제비 파스타

Recipe by 원대한

1. 어디론가 여행을 떠난다(혹은 혼자 한 끼를 간단히 때울 때여도 좋다).
2. 라면 한 봉지를 준비하고 라면 수프를 잘 꺼내둔다.
3. 파르펠레나 라비올리같이 수제비처럼 넓적한 파스타를 구한다.
   슈퍼마켓에서 쉽게 볼 수 있는 닭 육수도 한 팩 산다.
4. 닭 육수를 물에 희석한 후 파스타를 넣고 끓이다가,
   조금 익었을 때 라면 사리를 넣고 한소끔 더 끓인다.
5. 라면 수프를 탈탈 털어 넣고 마지막으로 화르르 끓인다.
6. 냄비 채로 식탁에 내면 끝. 맛은 라면이랑 비슷하지만
   다양한 면을 골라 먹는 재미가 있다.

국적불명 토마토 계란찜

Recipe by 애순이 아줌마

1. 좋아하는 채소를 잘게 썰어서 볶다가, 소금이랑 후추로 간한다.
2. 계란을 풀어 넣고 화~악 익히면 끝!
3. 사실 특별한 레시피가 없다는 게 함정!

16

별들의 들판이
우리를 부른다

Villamayor de Monjardín
→ Torres del Rio

서당 개 3년이면 풍월을 읊는다고 했는데, 난 스물여섯 해를 살았는데도 아직 깨우치지 못한 일이 있다. 천문학을 공부한 아버지를 따라 어렸을 때엔 천문대에서 자기도 했고, 주말마다 별을 보러 이 산 저 산 다녀보기도 했지만 아직도 여전히 하늘만 보면 그냥 깜깜해진다.

하지만 엄마는 달랐다. 아버지와 주말마다 천문대에 다니더니 결국 천문지도사 자격까지 갖추게 되었다. 새벽에 출발해 별자리를 머리 위에 한가득 얹고 걷는 이곳에서도 엄마는 늘 하늘을 올려다본다. 밤하늘에 아빠라도 있다는 듯이 그리움 담긴 눈으로 별을 헤아린다. 수십 년을 살고도 저렇게 애틋할 수 있을까. 엄마의 진짜 속은 모르지만 아들 눈엔 둘도 없는 사랑처럼 보인다.

깜빡 잊은 빨래를 걷으러 늦은 밤 마당에 나갔다. 토레스 델 리오Torres del Rio의 작은 알베르게는 지금까지 묵은 곳 중에 유일하게 하늘이 트여 있는 구조다. 'ㅁ'자로 건물이 들어서 가운데에 작은 마당이 있는 것이다. 엄마도 화장실에 갔다가 마당으로 걸어 나왔다.

"하늘에 별이 가득하네. 예전에 너 어렸을 때 덕유산 설천봉 올라갔던 거 기억나? 새벽에 잠이 깼는데 별이 보석같이 쏟아져서 내가 너 깨웠잖아."

"오늘 하늘도 거의 맞먹는 거 같아요. 별이 하도 많아서 별자리도 잘 안 보이네."

"옛날 순례자들은 밤이면 북극성을 보고 방향을 잡아 걸었겠지?"

"응. 근데 북극성이 어디 있어요?"

"아들, 그것도 몰라? 북두칠성 국자 앞부분의 두 별을 연결한 방향으로 다섯 번쯤 가면 보이는 별이 북극성이야."

아직 득도하지 못한 서당 개는 꼬리를 내린 채, 엄마가 들려주는 별 이야기를 열심히 들었다. 별 이야기가 더 오고 갔다. 그리스신화의 신들과 동방박사들이, 반 고흐와 돈 맥클린이, 알퐁스 도데와 윤동주가 이 밤 다시 꺼내졌다.

엄마는 이 들판에 가득한 별을 보면서 기운이 난다고 했다. '산티아고 데 콤포스텔라'가 별들의 언덕 산티아고라는 뜻이라며 책에서 본 내용으로 맞장구를 치는데 그제야 여행을 위해 조금 배운 스페인어 단어가 조합된다. Campo(들판)+Estella(별). 별들의 들판이라니. 지금 눈앞에 펼쳐진 이 별들의 들판이 산티아고가 가까워진다고 소리치고 있는 것 같다. 멀지 않으니 얼른 달려오라고, 별들을 가득 띄워 우리를 부른다는 생각이 들었다. ☽

17

엄마의
눈물

Torres del Rio
→ Logroño

5월 5일, 우리나라의 어린이날이자 스페인의 어머니날Dia de la madre이 겹친 5월 첫 번째 일요일이다. 오랜만에 큰 도시인 로그로뇨Logroño에 입성하는 날이기도 하다. 신나게 걸음을 떼었지만 도시까지 진입하는 길이 생각보다 멀다. 게다가 영진은 아침에 설거지를 하다 컵을 깨는 바람에 발을 다쳤다. 체력만큼은 끄떡없을 것 같던 녀석이 절룩거리며 걷는다. 엄마는 처진 분위기를 띄워야겠다는 듯 애순이 아줌마랑 몇 마디 나누더니 공표했다.

"오늘은 어린이날이니까, 엄마들이 점심 쏜다!"

아직 어린이(?)인 영진과 나의 걸음이 엄마의 미끼 덕분에 빨라졌다. 로그로뇨에서의 '어린이날 기념 식사'는 훌륭했다. 늦은 오후 햇살이 쏟아지는 노천광장에 터를 잡고 편한 슬리퍼로 갈아 신은 채 거나한 허기를 반찬 삼았으니, 맛이 없을 리가 없다. 후식으로 아이스크림까지 사 들고 거닐다가, 우

연히 발견한 갤러리에서 스페인의 100년 전 모습을 담은 사진전시도 구경했다. 내친 김에 저녁까지 외식하자며 온갖 타파스를 주문해서 맥주와 함께 배부르게 즐겼다. 어린이날 그리고 어머니날이기도 한 오늘이니까 엄마도 아들도 한껏 즐긴다.

배가 부르고 나서야 슬쩍 숨어 있던 순례자의 마음이 튀어나오기 시작했다. 주일미사를 드리기 위해 성당을 찾았다. 전설만큼 오래되었을 법한 성당이었다. 제일 늦은 8시 미사조차 지각해 들어가 성당 구석에 앉았다. 제단과 성가대석이 아름다워 눈을 요리조리 돌리다가, 배가 불러 잠깐 졸았더니 벌써 미사가 끝나버렸다. 스페인 미사는 한국 미사와 다르게 초고속이다.

얼른 알베르게로 돌아가 잠이나 자야겠단 달콤한 상상에 후다닥 일어나는데, 엄마는 미동도 없다. 낌새가 심상치 않아 다시 쳐다보니 울고 있다. 길이라도 잃은 아이처럼 소리 내어 엉엉. 사람들이 다 빠져나가고 조용해진 성당에 엄마의 울음소리만 남았건만 그치지 않는다.

남자가 종종 곤란한 순간이 있는데 그중에서 제일은 여자가 우는 때일 것이다. 그녀가 엄마일 때는 더 곤란하다. 영진도 다르지 않은 눈치다. 우리는 그저 멀찌감치 떨어져 엄마가 다 울어버리길 기다렸다. 그러면서 속으로는 오만가지 생각이 든다. 이 길이 힘들어서일까, 오래도록 꿈꾸던 길을 걷는 게 믿기지 않도록 좋아서일까, 걸으며 마주치는 수많은 삶과 엄마의 삶이 교차하면서 생기는 복잡한 감정일까, 혹시 내가 무슨 잘못이라도 한 걸까.

어쨌든 그녀가 다 울 때까지 방해하지 말아야겠다고 생각했다. 내가 지켜본 엄마의 모습 중에서 가장 생경했지만 동시에 가장 진솔한 모습이었으니까. 엄마도 이렇게 울 수 있는 사람이니까. 그리고 여자의 눈물에는 감히 짐작하지 못할 만큼 수많은 이유가 있다는 이야기가 생각났으니까.

한참이 흐른 뒤, 드디어 엄마가 성당 밖으로 나왔다. 숙소로 발걸음을 옮기며 슬쩍 물었다.

"엄마, 왜 그렇게 서럽게 울었어요? 많이 힘들어요?"

"……아니. 그냥 눈물이 나왔어. 좋아서도 힘들어서도 아니야. 그냥 끝없이 눈물이 나더라."

더 이상 말을 붙일 수 없었다. 역시 여자의 속은 알다가도 모를 일이라고 되뇌면서, 어쨌든 엄마가 원 없이 다 울길 바라면서, 어린이 아들은 의젓한 척 엄마의 손을 슬쩍 잡기만 할 뿐이었다. 🐚

18

백 리 너 머

Logroño
→ Ventosa

저녁 준비하러 주방에 들어갔는데 도마 위에 꽃이 놓여 있다. 오늘 길 위에서 마주친 보라색 작은 꽃무리. 어디에 쓰는 건지 신기해서 들여다보고 있으니 옆에서 냄비에 물을 얹던 아저씨가 다가와 말을 건다.

"이건 토미요Tomillo라는 허브야. 향이 좋고 기름져서 요리할 때 다져서 넣기도 해. 냄새 맡아봐."

"정말 향기가 좋네요. 요리에 넣으면 어떤 맛이 날지 궁금해요."

"30분만 있다가 주방으로 와. 그럼 맛볼 수 있을 거야."

"근데 이거 한 줄기만 가져도 돼요?"

꽃 한 줄기를 가지고 소파에 앉았다. 사전을 찾아보니 토미요는 우리말로 백리향이다. 향기가 백 리만큼이나 멀리 퍼진다고 해서 이름 지어진 꽃이

라는 건 알고 있었지만 직접 보는 것은 처음이다. 다시 한 번 코끝에 갖다 대어본다. 은은하고 달콤한 향에 마음이 설렌다.

엄마는 벌써 잠자리에 든 늦은 시간. 다시 소파에 앉아, 스탠드 아래에서 그리운 친구들을 떠올리며 엽서를 쓴다. 백 리도 가는 이 향이 멀리 이만리는 못 갈까 싶어 편지봉투에 말린 꽃 한 줄기를 함께 넣었다. 풀이나 테이프가 없어 반창고 조각으로 조심스레 향기가 날아가지 않게 봉한다. 향수 냄새와 탁한 매연 진동하는 서울에 이 향기가 조금이라도 전해지면 좋겠다. 내 소박하고 작은 마음이 친구에게 슬쩍 전해지면 좋겠다. ◌

19

어느 순례자의
평범한 하루

Ventosa
→ Cirueña

06:00

아래 침대에서 자던 엄마의 기척에 눈을 떴다. 영진과 애순이 아줌마가
일어나기 전, 2층 침대에서 내려와 엄마와 번갈아 씻고 조심조심 침낭을 갠
다. 엄마는 내 배낭에서 나 몰래 짐을 덜어가고, 나는 엄마 몰래 엄마 짐을
꺼내온다.

06:55

해가 뜨려는지 밖이 어스레하다. 비가 와서 잘 마르지 않은 빨래를 걷어
길을 나선다. 아직 노란 화살표가 잘 눈에 띄지 않아 랜턴을 꺼내 들었다.

07:10

일출. 길옆에 쌓아놓은 건초더미가 빛을 받아 끝부터 천천히 주황빛으로

물든다. 반 고흐의 유화를 보는 기분. 맑은 날이면 새벽녘이 제일 아름답다.

09:25

아침을 먹으러 구시가지 작은 바르에 멈췄다. 10킬로미터쯤 걸었나 보다. 앤초비와 참치, 햄 보카디요를 시켜 카페 콘 레체, 즉석에서 짠 신선한 오렌지주스와 함께 먹는다. 다른 소스가 들어간 것도 아닌데 빵 자체가 고소한 건지, 아침에 먹는 보카디요는 언제나 맛있다.

10:10

나헤라Najera를 지나친다. 예쁜 마을인데 작아서 그런지 사람이 거의 없다. 아침도 먹었고 화장실도 들렀기 때문에 굳이 오래 머무를 필요가 없다. 이렇게 하루에도 몇 개의 작은 마을을 지나치고 또 머무른다.

12:05

아조프라Azofra에 도착했다. 미국 서부극에 등장하는 사막 한가운데의 마을 같다. 바르에서 레몬 맥주와 감자 토르티야를 시켜 앉았다. 오늘따라 레몬 맥주가 시원하다. 얼굴이 발그레 달아오른 채 둘러앉아 수다꽃을 피웠다.

14:00

길옆으로 이제 막 잎이 돋아나는 키 작은 포도나무가 가득하다. 서로 어깨동무를 하고 있는 것 같다. 유독 붉은 흙은 라 리오하La Rioja 지방 특유의 빛깔이라고 한다. 포도주 생산지로 유명한 곳인데 이 흙이 영향을 미쳤을까. 멀리 산꼭대기에 희끗희끗 쌓인 눈이 보인다. 길가엔 봄이고 산 위엔 겨울이다. 두 계절을 향유할 수 있어 즐겁다.

15:35

시루에냐Cirueña 마을의 알베르게에 도착했다. 건물 벽에 예쁘게 걸려 있

는 화분이 인상적이다. 짐을 풀고 편한 옷으로 갈아입는다. 엄마와 애순이
아줌마는 씻고 빨래를 하더니, 건너편 잔디밭 위 빨랫줄에 널고서 그 자리
에 털썩 앉아버렸다.

16:45

영진과 마을 산책하러 갔다가 바르에서 맥주보다 비싼 콜라를 한 잔씩
사 마셨다.

17:40

알베르게 1층 응접실에 들어갔다가 깜짝 놀랐다. 유화 냄새가 진동한 것
이다. 주인장이 직접 그리는지 옆에는 빈 캔버스들도 함께 놓았다. 카미노
의 풍경들을 그리나 보다. 오래 머무르고 싶지만 머지 않아 저녁 식사를 알
리는 목소리가 들려온다.

18:00

주변에 가게나 식당이 없어서 알베르게에 저녁 식사를 신청했다. 헌데 부실하다. 햄과 곡물이 들어간 죽인데 사람마다 그릇 크기도 다르다. 나만 곱빼기를 시킨 것처럼 많다. 주인장이 예리한 센스로 그 사람의 먹는 양대로 주는 거라며 모두 웃었다.

19:55

방에 들어왔다. 4인실이라 오늘은 방에 우리밖에 없다. 그래서인지 엄마와 애순이 아줌마가 모처럼 숨이 넘어가도록 크게 웃는다. 무슨 일인가 봤더니 엄마가 챙겨온 고무장갑을 발에 신고 있다. 닭발 같다며 깔깔대는 모습이 수학여행 온 단짝 여고생 같다.

20:30

씻고 잘 준비를 한다. 해가 지는 창밖 풍경이 캔버스 같다. 멀리 핀 유채꽃 무리가 노란 추상작품을 만든다. 아래에서 올라오는 유화 냄새와 뒤섞여 비현실적인 느낌을 준다.

21:00

일몰. 이곳에서 해가 지는 시간은 취침시간을 의미한다. 배낭을 꾸려놓고 불을 끈다. 어느 순례자의 평범한 하루가 저문다. ✺

20

어버이날 특별 쿠폰을
발행합니다

Cirueña
→ Grañón

5월 8일 어버이날, 시루에냐에서 13킬로미터밖에 떨어지지 않은 그라
뇽Grañón에 묵기로 했다. 한국에서 출발하기 전에 만난 디자인 스튜디오 '워
크스'의 두 누나가, 다른 곳은 몰라도 그라뇽의 성당에서 운영하는 알베르
게에는 꼭 묵으라고 했기 때문이다. 다른 날보다 훨씬 짧은 거리를 걷는다
고 아침부터 느긋했던 탓일까. 7킬로미터 정도 남았을 때 이미 정오를 넘어
서 있었다.

급한 마음에 갑자기 빨리 걸으려니 발바닥에 불이 날 것 같다. 넷이 한마
디 말도 없이 부리나케 걷는 와중에 덜컥 겁이 났다. 누나들이 입이 마르게
칭찬했다는 이유로 꼭 거쳐 가자고 우긴 그라뇽이다. 일정까지 바꿔놓고서
숙소를 못 잡으면 어떻게 하지. 그리고 숙소를 잡았는데 기대에 못 미치면

또 어떻게 하나. 혼자 이런저런 생각에 발걸음이 더 바빠진다. 그라뇽이 1킬로미터 남았다는 표지판을 지나쳤을 때, 영진이 소리쳤다.

"뒤돌아봐요. 사람들 좀 보세요!"

"헉, 언제 저렇게 많이 따라왔대. 저 사람들만 해도 알베르게 다 차겠다."

"엄마, 뒤돌아보지 말고 그냥 걸어요!"

어느새 뒷마을에서 출발한 사람들이 우리 바로 뒤까지 쫓아와 있었다. 성당에서 하는 알베르게는 정확하게 도착하는 순서대로 방을 배정하기 때문에 '먼저 가서 자리 맡아놓기' 같은 봐주기도 없다. 엄마도 저 사람들보다 먼저 도착해야만 자리를 잡을 수 있다. 엄마를 쳐다봤다. 눈빛만큼은 이글이글 승부욕에 불타지만 지친 표정이 역력하다. 이대로는 안 된다!

"엄마, 어렸을 때 어버이날에 만들어드린 쿠폰 기억나요? 안마 10회, 구두 닦기 5회, 설거지 3회 같은 거 적어서 드렸잖아요."

"그럼, 아직도 안 쓰고 앨범에 넣어서 가지고 있지."

"지금 그런 쿠폰 말로 대충 발행할 테니까 당장 쓰세요! 목적지까지 배낭 들어주기 1회 쿠폰이에요. 오늘도 어버이날이니까. 빨리빨리!"

자기 짐은 스스로 책임져야 한다는 아른트 할아버지의 이야기를 늘 마음에 품었던 엄마지만 상황의 다급함을 알았는지 내 제안을 금방 받아들였다. 뒤에는 내 배낭, 앞에는 엄마 배낭을 메고 달리기 시작했다. 내 배낭이 13킬로그램, 엄마 배낭이 7킬로그램은 되니 총 20킬로그램을 짊어진 셈이다. 발빠른 영진과 엄마보다 체력이 좋은 애순이 아줌마, 몸이 가벼워진 엄마가 함께 경보 대회에 나간 사람들처럼 걷는다. 넷이서 땀을 뻘뻘 흘리며 남은 1킬로미터를 그렇게 내달렸다. 한 번도 뒤돌아보지 않았음은 물론이다.

결과는 아슬한 성공이었다. 우리 넷을 끝으로 자리가 다 찬 것. 소문대로 성당 첨탑 밑에 자리한 그라뇽 알베르게는 그 어떤 곳보다 고즈넉하고 아름다웠다. 종탑 밑 비둘기 둥지 근처에 빨래를 널고, 바로 아래층의 성당에서 조용히 미사를 드렸으며, 저녁에는 중세시대의 한 장면처럼 널따란 테이블에 앉아 서른 명이 넘는 순례자들과 같이 식사했다. 식사를 마친 후에는 각각 자기 나라의 노래를 부르면서 밤늦게까지 자리를 뜨지 못했다. 이런 아름다운 저녁이 아마도 이 길을 걷는 또 하나의 기쁨 아닐까.

엄마들의 기분이 한껏 들떠 있을 때 영진은 경보 중에 꺾어둔 들꽃을 꺼내 어버이날 선물이라며 전했다. 진짜 아들인 나는 어쩐지 내가 해야 할 몫을 빼앗긴 것 같아서 친구가 살짝 얄밉기도 하다. 하지만 코흘리개 때나 선물하던 쿠폰 하나로 엄마에게 행복한 저녁을 선물했으니, 나도 이만하면 선방하고 넘어갔다고 말하고 싶다. ○

집시의 삶

#21

→ Granón

알베르게 침대에 짐을 풀며 옆자리를 보니 침낭만 반듯하게 펼쳐져 있고, 그 위에 프랑스어 제목의 시집 한 권이 놓여 있었다. 주인이 누군지는 알 수 없다. 어쩐지 가녀린 프랑스 여자일 것 같다는 생각만 했을 뿐. 서둘러 내려와 저녁 식사를 하는데 앞자리에 레이싱 수트를 입은, 곱상한 외모의 서양인이 앉는다. 프랑스에서 왔다고 한마디 하고선 이내 입을 닫는다. 멋쩍어져서 나도 묵묵히 식사에만 집중했다.

해가 길어 밤인데도 밖이 밝다. 바로 잠들기엔 아쉬운 밤, 성당 앞 작은 바르에서 레몬 맥주 한 잔을 시켜놓고 잠깐 앉았다. 잠시 후 어디선가 레이싱 수트의 그가 나타나 옆에 앉는다. 똑같이 맥주 한 잔을 시키고 불어식 영어로 이야기를 꺼낸다.

"프랑스어로 그라뇽Grognon은 불만스럽다는 뜻이야. 그래서 걱정했거든, 오늘 숙소."

"내가 배운 스페인어로 그라뇽Grañón은 '밀죽'이었는데. 저녁때 나온 밀죽 같은 식사가 불만스러워서 그렇게 말이 없었던 거야?"

"아니. 맛있었어. 다만 나는 집시라서 작은 단어에도 의미를 두곤 하거든."

"집시?"

"그래. 집시."

"집시를 만나다니. 신기한 날이네."

"이 길에서는 모두가 집시잖아. 오늘 머문 곳은 내일 아침이면 내 집이 아니니까. 매일 새로운 사람들과 새로운 곳에 머무는 떠돌이 삶인 거지. 너 역시 집시야."

집시의 삶이란 어떤 걸까. 산책한다고 어둠 속으로 사라진 그를 찾다가 올라와서 먼저 잠이 들었다. 잠이 들 때까지도 옆자리는 여전히 비어 있었다.

새벽에 코가 시려 눈을 떴다. 천장 위의 작은 창으로 보이는 밤하늘에 별이 가득하다. 고개를 옆으로 돌리니 기다란 그림자가 누워 있다. 집시인 그다. 큰 눈을 뜬 채 별을 올려다보고 있다. 무슨 생각을 하고 있을까. 어둠 속 그의 눈빛은 마치 어릴 적 봤던 인디언 영화에 나오는 인디언 같기도 하고, 오래전 살았을 중세 수도사의 그것 같기도 하다. 나도 잠들지 못하고 조용히 별을 바라본다.

아래층에서 나는 아침 식사를 준비하는 소리에 겨우 일어났다. 옆자리를 봤더니 지난밤이 꿈이었던 것처럼 아무도 없다. 침낭도, 시집도, 아무 흔적도 남질 않았다. 이런 것이 그가 말한 집시의, 방랑자의 삶일까. 문득 그가 읽던 시집이 궁금해졌다. 나도 모르게 사라진 그의 뒷모습을 좇기 시작했다. ✒

22

카미노의
귀곡산장

Grañón
→ Espinosa del Camino

1.

아침부터 비가 부슬부슬 내린다. 커피를 마시러 들어간 바르에서 가이드북을 보다가, 옆에 앉은 스페인 순례자에게 사설 알베르게 전화 예약을 부탁했다. 비가 오면 유독 더 느려지는 엄마가 걱정돼서였다. 가이드북을 보고 오늘의 목적지인 에스피노사 델 카미노Espinosa del Camino에 유일하게 나와 있는 알베르게 번호를 적어 건넸다. 다행히 네 자리 예약이 가능하다는 이야기를 전해준다.

오후가 되자 비가 거세져 스패츠도, 판초 우의도 소용이 없었다. 옷과 신발, 마음마저 축축하게 젖으니 따뜻한 차 한 잔과 누울 수 있는 침대가 절실했다. 하지만 평소보다 느려진 걸음 때문에 저녁시간이 다 되어서야 겨우 마을 입구에 도착했다.

새로 지었는지 꽤 근사한 모습의 알베르게가 보인다. 우리가 예약한 곳일까. 몸을 녹일 생각에 반가워 다가갔더니, 엥? 아니다. 생긴 지 얼마 되지 않아서 가이드북에도 안 나와 있나 보다. 을씨년스러운 마을로 한참을 더 들어갔는데도 우리의 알베르게는 보이지 않는다. 거의 마을 끝까지 갔을 때 폐가 같은 건물 하나가 보인다. 아무래도 길을 잘못 들었나 싶어 다시 온 길을 돌아가려는데, 영진이 소리친다.

"저거, 알베르게 간판 아니야?"

"그러네. 설마 저긴 아니겠지?"

설마가 사람 잡는다더니, 우리가 예약한 알베르게다. 우리 모두 그 자리에서 '얼음'이 되었다. 큰맘 먹고 조심히 문을 두드리자 어둠 속에서 할아버지가 나타났다. 살짝 웃음 짓는데 썩어서 휑하니 잇몸이 드러난 치아가 보인다. 공포영화의 클라이맥스에 등장할 법한 괴기스러운 웃음에 놀라 모두 한 걸음씩 뒤로 물러서는데 그가 문을 활짝 열어젖힌다. 들어오라는 뜻이다. 저 문 안으로 들어가면 아무도 모르게 사라져버릴 것 같지만 침을 꼴깍 삼키며 발을 내디뎠다.

어둠이 드리운 방 앞에 서서 숙박비를 계산하는데 그가 크레덴셜을 걷으며 내일 아침에 주겠단다. 보통 그 자리에서 도장을 찍고 돌려주기 마련인데, 이상하다. 여권을 압수당한 채 이름 모를 섬에 갇혀 평생을 살았다던 세상을 떠들썩하게 한 뉴스 헤드라인이 머리를 스친다. 혹시 몰라 핸드폰을 들여다보는데 전파가 터지지 않는다.

바싹 입이 말라 마른 침만 꼴깍이다 어쩔 수 없이 위층 침실로 향했다. 2층 계단 옆에는 녹슨 칼들이 전시되어 있고, 복도에는 먼지가 더께로 내려앉은 박제된 나비들이 걸려 있다. 기분 나쁠 정도로 조용하다. 아무래도 오늘 여기에 묵는 사람이 우리뿐인 것 같다. 하나의 외침이 머릿속에 메아리친다.

'여기서 무사히 살아나갈 수 있을까?'

2.

살아나가는 건 둘째 치고 제일 문제는 편히 눕지도 못할 만큼 지저분한 방이었다. 다행히 온수는 나와 간신히 씻었지만 애순이 아줌마가 가장 질려 있다. 비가 세차게 쏟아지고 있으니 다시 나갈 수도 없는 노릇. 넷이나 되는데 무슨 일이야 있겠느냐는 엄마의 말을 위안 삼으며 마음을 다독이는데 단발의 종소리가 음산하게 울린다.

섬뜩함을 무릅쓰고 영진과 내가 대표로 내려갔더니 어둠 속에서 할아버지가 손짓한다. 그 사이에 벽난로를 피웠는지 불이 활활 타오르고 있다. 까딱거리는 손짓으로 이 앞에서 몸을 녹이라고 말한다. 이내 빨래건조대도 끌고 와서 옆에 세운다. 젖은 옷을 말리라는 뜻일 테다. 영진과 내가 놀라서 서로 쳐다보는데 할아버지가 씩 웃는다.

그토록 무서웠던 썩은 이를 다 드러낸 웃음이 따뜻한 불빛 앞에서 보니 차라리 코믹하다 할 만한 순박한 웃음이었다. 할아버지는 작은 목소리로 자신을 가리키며 페페라고 소개한다. 부인과 같이 알베르게를 운영하다가 사별한 후에 이렇게 혼자 지내고 있다 했다.

걱정 가득했던 마음이 벽난로의 온기에 녹아내리기 시작한다. 온종일 비에 젖은 축축한 기분도 함께 말라간다. 엄마와 애순이 아줌마를 불러 손을 녹이고, 그렇게 바라던 따뜻한 차 한 잔을 얻어 마시고, 젖었던 신발과 옷가지들을 건조대에 널었다.

다시 2층으로 올라가려는데, 어둠 속에 있던 응접실의 불을 켜졌다. 안을 들여다보고 나서 움직일 수 없었다. 방 전체가 하나의 박물관 같았다. 할아버지가 평생 모은 군인 피겨와 시계, 칼과 방패, 성모상과 지도들까지 유리 장식장에 가지런히 정리되어 있었다. 입이 벌어져서 할 말을 잃었다. 나에게는 보물창고나 다름없는 귀곡산장의 숨겨진 방을 한참 동안 구경했다.

그 이후의 저녁은 근사했다. 페페 할아버지가 만든 샛노란 파에야는 좀

짜긴 했지만 허기진 우리에겐 여느 식당에서 사 먹었던 저녁보다 훌륭했다. 우리가 와인을 한 잔씩 들이켜는 동안 할아버지는 주전자 채로 입에다가 와인을 부어 넣는다. 시간이 흐르고 자기도 자야 한다며 우리 엉덩이를 밀 때까지, 오래 앉아 이야기를 나눴다. 그를 오해한 미안함 때문만은 아니었다.

3.

어김없이 아침이 오고 떠나야 하는 시간. 단지 첫인상으로 할아버지를, 그리고 이 매력적인 알베르게를 오해한 것이 자꾸 미안했다. 잠깐 들른 자식과 손자를 다시 떠나보내며 한참을 서 있던 우리 할아버지 생각도 났다.

그때 엄마가 배낭에서 무언가를 꺼냈다. 며칠 전 애순이 아줌마와 닭발놀이를 하며 깔깔댄 그 고무장갑이다. 할아버지 손에 고무장갑을 씌우고 빼앗겼던(?) 크레덴셜을 되찾아 길을 나섰다. 연신 손을 흔드는 그를 뒤로한 채……

엄마도 외할아버지가 생각났던 걸까. 맨손으로 찬물에 설거지를 하느라다 갈라진 할아버지의 손이 마음에 걸렸다 했다. 우리는 고무장갑이 할아버지 손을 소중히 보듬어주기를 빌었다. 그리고 오래 건강하시기를, 언젠가다시 이 길에 서게 될 때에도 수줍은 웃음으로 반겨주시기를 바라본다.

23

엄마와 아이 셋,
브룩 가족의 산티아고

Espinosa del Camino
→ Agés

브룩 가족을 만났다. 로그로뇨를 벗어날 때 처음 마주친 이후로 종종 만나는 미국 콜로라도에서 온 가족이다. 포토그래퍼인 딸 브룩Brooke, 싱어송라이터인 아들 벤Ben, 축구선수였다는 고등학생 브라이스Brice, 엄마 브렌다Brenda까지 네 식구는 모두 외모가 우월하다.

하루는 벤과 브라이스가 챙 모자에 손수건을 둘러 차양을 만들어 쓴 모습이 마치 패션 화보 속에서 튀어나온 것 같았다. 나도 이에 질세라 얼른 손수건을 걸쳐봤다가 '중동 석유부자' 소리만 들었다는 슬픈 이야기. 며칠을 계속 마주치고 이야기를 나누다 보니 외모보다 환한 웃음과 애틋한 가족애가 이 가족의 무기가 아닐까 하는 생각이 들었다.

대한// 브룩, 어쩌다가 넷이서 함께 카미노를 걷게 됐어?

브룩// 작년 겨울에 아버지가 돌아가셨어. 4년 동안 암으로 고생하셨는데 아버지도 우리 도 많이 힘든 시간이었지. 그 이후로 잠시 쉬어갈 시간이 필요했어. 학교를 한 학기 쉬고 언젠가 가보리라 결심했던 산티아고 순례길을 걷기로 한 거야. 혼자 걷는 게 싫었고 그 일을 같이 겪었기에, 함께 가자고 가족들을 설득했지.

대한// 근데 브렌다 아주머니, 우리 엄마도 산티아고 가는 게 평생소원이라면서 막상 여 행을 앞두고 걱정을 하더라고요. 아주머니는 어땠어요?

브렌다// 나도 당연히 걱정했지! 50대인 내 체력으로는 아이들과 비슷한 속도로 걷긴 힘 들 거 아냐. 막상 와보니 나보다 나이가 더 많은 사람도 있더라고. 말도 안 통하는 타지 에서 긴 시간을 걷기만 하는 것도 걱정이었지만 아이들과 함께라 견딜 만해. 아니 즐거 워. 이 길에 서길 잘했다고 생각해.

대한// 보기 좋아요. 근데 브라이스, 네가 달고 있는 조가비는 좀 특이한데?

브라이스// 응, 열두 살 때 아버지랑 둘이서 하와이 여행을 갔을 때 해변에서 찾은 거야. 아 버지가 건강했을 때 함께한 마지막 여행이라 조가비를 보면 아버지가 생각나.

브룩이 한마디 보탠다.

브룩// 내가 입고 있는 스웨터도 아버지 거야. 우리 모두 하나씩 아버지와의 이야기가 담 긴 물건을 가지고 걷기로 했거든.

대한// 그럼 너희 아버지도 같이 걷는 셈이네. 모두 같이 걷는 게 힘들지는 않아?

브룩// 혼자서는 절대 못 걸었을 것 같아. 이미 같이 살아왔고 많은 걸 알고 있다고 생각 했는데 함께 걸으니 서로에 대해 미처 몰랐던 더 많은 것을 배우게 돼. 우리 가족을 알아 가는 재미있는 도전인 셈이지.

벤// 나는 평생 잊지 못할 추억들을 한꺼번에 만들고 있는 것 같아. 재미있는 사건들이 셀 수 없을 정도로 많으니까.

브라이스// 엄마와 이런 값진 시간을 함께하는 건 축복일 거야. 누구든 이 길을 엄마와 걷 는다면 생각했던 그 이상으로 재미있는 시간이 될 거야. 너도 그렇지, 대한아?

대한// 맞아. 정말 공감해. 근데 정작 우리 엄마는 어디 갔지? 우리가 너무 빨리 걸었나 봐. 엄마 기다렸다 같이 갈게. 이따 숙소에서 봐.

엄마를 기다리며 브룩 가족의 말을 곱씹어본다. 그들의 아버지를, 그녀의 남편을 상상한다. 이 길까지 동행한 아버지의 증표들만 보아도 분명 그는 좋은 사람이자 행복한 사람이었으리라. 문득 멀리 서울에서 혼자 지내고 있을 우리 아버지가 떠오른다. 엄마와 나만 가진 다정한 시간이 조금 미안해지기도 한다. 한국에 돌아가면 아버지와도 걸어봐야겠다. 대중목욕탕에 함께 몸을 담글 때나 나누던 진솔한 이야기를 길 위로 옮겨봐야겠다. 이 길이 끝날 즈음엔 나도 조금은 철 든 아들이 되어 있을까.

24

매일매일
축제의 나날들

Agés
→ Burgos

1.

부르고스Burgos 시내에 도착하자마자 나타난 오래된 성당에서, 하얀 드레스를 입은 여자아이들이 우르르 뛰어나오더니 부모님의 품에 안긴다. 첫 영성체 예식이 있는 날인가 보다. 장난기 많은 남자아이들도 턱시도를 입고서 의젓한 걸음걸이로 성당을 나선다. 열 살, 멋모르던 나의 그날도 그러했다. 하얀 와이셔츠에 머리는 무스를 잔뜩 발라서 넘기고, 처음으로 구두를 신고 가슴팍에 꽃을 단 채로, 뭘 하는지도 모른 채 수녀님을 따라 꼬마 신랑 장가가듯 걸었던 나의 첫 축제였다.

2.

엄마들이 시에스타를 즐기며 꿈나라에 가 있는 동안 영진과 도시 산책을

나섰다. 박물관 구경을 하는데 한쪽 구석이 시끄럽다. 신기하게도 오래된 박물관 건물에서 결혼식을 올리고 있다. 까치발을 들고 구경하는 우리에게 사람들이 안으로 들어오라고 손짓한다.

이름도 얼굴도 모르는 이들의 결혼식 하객이 되었다. 우리네 결혼식이나 별반 다를 게 없다. 서로 반지를 나누고, 친구들이 노래를 불러주고, 끝없이 박수가 이어진다. 언젠가 있을 우리의 축제를 상상해보다 괜히 쑥스러워 얼굴이 빨개졌다.

3.

내일이면 네덜란드로 돌아갈 영진과의 마지막 저녁. 작별 만찬을 먹고 반바지에 슬리퍼 차림으로 광장을 걷는데 어디선가 음악 소리가 들려온다. 알록달록한 가발을 쓴 미녀들과 브라스 밴드를 중심으로 사람들이 큰 원을 만들고 있다. 음악이 흥겨워지자 아이들은 앞으로 나와 춤을 추고 어른들도 조금씩 몸을 흔들기 시작한다.

이름 모를 축제. 영진도 따라 춤을 춘다. 애순이 아줌마도 덩실거리며 행진하는 그들을 뒤쫓아 걷는다. 엄마와 나도 어깨를 들썩거리며 어디로 가는지 모르는 행렬을 따라 한참을 걸었다.

4.

새벽녘까지 시끄러운 창밖 소리에 깨서 잠깐 생각했다. 오늘뿐만이 아니라 우리에게 이 길은 날마다 축제였다. 오스피탈레로의 생일이었던 오리손 알베르게에서의 저녁 식사, 노동절 기념으로 하루 쉬면서 마신 맥주와 타파스, 어린이날이자 스페인의 어머니날 기념 외식, 영진의 복귀 기념 만찬 파티, 심지어 산티아고 데 콤포스텔라가 555킬로미터 남은 날 기념 와인, 열심히 걸었다고 자평한 날의 기념 맥주도 있었다.

살면서 또 언제 이렇게 수많은 와인잔과 맥주잔을 부딪힐까. 힘든 길을 여기까지 걸어낸 것은 날마다 축제였기 때문인지도 모른다. 작은 것을 기념하고 소소한 순간들을 나누며 우리만의 축제를 열었기 때문인지도 모른다.

집에 돌아가서도 그러고 싶다. 날씨가 좋아서, 누군가가 보고 싶어서, 즐거운 음악을 발견해서, 요리를 했는데 혼자 먹기 아까워서, 혹은 아무 이유 없이도. 그렇게 사소한 축제를 열어보고 싶다.

함께 축제의 나날이고 싶다. ◔

25

홀로
걷다

Burgos
→ Hontanas

동쪽 하늘이 푸르스름해질 때까지 끝나지 않던 축제의 여운이 무색하게, 부르고스를 떠난 지 채 한 시간도 지나지 않았는데 눈앞의 모든 것이 사라졌다. 무성하던 나무와 건물들이 시야에서 감쪽같이 사라져버렸다. 그와 함께 끝없는 구릉들이 모습을 드러내기 시작했다. 메세타[Meseta][1]의 시작.

오늘 걸어야 하는 거리는 대략 30킬로미터. 메세타 지역은 수십 킬로미터를 가야 마을 하나쯤 보인다는데, 아침나절 걸어보니 과연 마을과 알베르게 숫자가 어제의 절반에도 못 미쳤다. 메세타에서는 음식이나 마실 거리를

[1]
그늘이 없고 사막과 초지가 이어지는 스페인의 지형으로, 산티아고 순례길의 험난한 구간 중 하나다. 가도 가도 끝나지 않을 듯 긴 길에 나무 한 그루 없다. 가릴 데 없는 강렬한 태양과 더위, 지루한 풍경 때문에 걷기에 고독하고 힘든 곳이다.

구하기도 어렵다. 그래서인지 구릉지로 접어들 즈음 나타난 작은 마을 타르다호스Tardajos의 유일한 바르에는 순례자들이 줄을 길게 늘어섰다.

30분 넘게 기다려서 커피를 간신히 사 마시고 정오의 태양을 피할 핑계로 슬쩍 눌러앉고야 말았다. 목적지인 온타나스Hontanas의 사설 알베르게에 전화하니 다행히 예약할 수 있단다. 대신 오후 4시까지는 도착해야 한다고. 조금이라도 늦으면 다른 사람들에게 침대를 내어줄 심산인 게다. 전화를 끊고 보니 시각은 2시. 남은 거리는 11킬로미터 남짓. 평소 우리의 걸음으로는 세 시간 정도 걸리는 거리다. 영진은 2주 남짓의 동행을 마치고 다시 학교로 돌아간 상황이라 자리를 맡으러 보낼 사람도 없다. 이대로는 간신히 잡아놓은 침대마저 잃을 판국이다.

"엄마, 내가 먼저 가서 침대 맡아놓을게. 크레덴셜 줘봐요. 애순 아줌마 크레덴셜까지 들고 뛸게요."

두 엄마의 크레덴셜을 빼앗다시피 낚아챈 뒤 혼자 길을 나섰다. 어차피 늦었으니 천천히 무리 말고 오시라는 이야기와 함께. 엄마와 여행한 뒤 처음으로 혼자 걷는다. 항상 엄마의 옆모습이나 뒷모습을 보면서 천천히 발맞춰 걷다가, 눈앞에 엄마가 없으니 어색하다. 심지어 끝이 보이지 않는 초지 위에 다른 순례자도 없이 달랑 혼자다.

여행 이후 처음으로 이어폰을 꺼내 들었다. 한국에서 직접 선곡해온 〈힘내 뮤직〉 컴필레이션 앨범을 재생시켰더니 흥이 난다. 빠른 템포에 맞춰 발걸음도 한없이 빨라진다. 그래, 이게 내 속도인데. 혼자 여행할 땐 이런 맛도 있었지. 음악도 듣고 내 속도에 맞춰 걷고. 신난 기분에 바쁜 마음이 보태어져 마치 전지훈련하던 달리기 선수의 모래 자루가 끊어진 것처럼 술술 전진했다.

3시 58분에 아슬하게 체크인 완료! 영어를 전혀 못하는 그들에게 손짓 발짓으로 엄마랑 애순이 아줌마 이야기를 한참이나 한 뒤에야 3층 구석의 침대 3개를 얻을 수 있었다. 하지만 여기가 끝이 아니다. 배낭을 내려놓고 엄마 마중을 가려고 왔던 길을 거슬러 걷기 시작했다. 내가 제치고 온 사람들을 한 명씩 다시 만났다. 그러나 정작 엄마 모습은 한참을 가도 보이지 않고, 바삐 걸은 탓인지 발이 얼얼하다. 그럼에도 계속, 더 빠르게 걷는다. 멀리서 어제 알베르게에서 만난 스페인 친구 루카스Lucas가 보인다.

"대한, 엄마 찾으러 거꾸로 걷는 거야?"

"응. 혹시 우리 엄마 만났니?"

"아까 신발이랑 양말 다 벗고 아예 주저앉아 계시던데?"

아뿔싸. 탈진이라도 하신 걸까? 양말까지 벗었다는 건 도저히 못 걷겠다는 표시다. 마음이 조급해져 거의 시계로만 쓰던 핸드폰을 꺼내 엄마 핸드폰으로 걸어본다. 하지만 사막이라 그런지 아예 신호가 가지 않는다. 관자놀이가 뻐근해진다. 물집이 터졌는지 발끝이 찌릿하다. 순간, 지평선 끝에 실루엣이 비친다. 엄마다!

"……"

잘 들리지 않는다.

"……들, 아들! 그냥 숙소에 있지, 거꾸로 다시 온 거야?"

한걸음에 달린다. 숨이 턱까지 차오른 나와 다르게 엄마는 지친 기색 하나 없다. 단지 헐레벌떡 뛰어온 아들의 몰골을 보던 주름진 눈가가 촉촉하다. 역시나 습도 높아진 내 눈을 들키기 싫어 선글라스를 후다닥 썼다. 눈치 빠른 애순이 아줌마가 한 마디를 던진다.

"아이고, 누가 보면 이산가족 상봉한 줄 알겠네. 고작 몇 시간 헤어져 놓고서."

"그게 아니라, 루카스가 두 분 다 주저앉아 있다고 해서 탈진이라도 했을까 봐 걱정했어요."

"응? 양말 벗고 발에 바람 좀 쐰 거야."

놀란 가슴을 쓸어내리며 엄마의 배낭과 애순이 아줌마의 큰 배낭까지 받아 멨다. 마중 나갔다 오느라 오늘만 40킬로미터를 넘게 걸었나 보다. 발에 생긴 물집은 생기자마자 터졌고 다리는 감각이란 게 사라진 것 같다. 하지만 결국 마을에 잘 도착했고 편히 쉴 침대가 있으며, 이제 곧 저녁 시간이고 옆에는 엄마가 있다. ✽

26

며느리, 아내, 엄마의
삶

Hontanas
→ Castrojeriz

어제 혼신의 레이스를 펼쳐서인지 아니면 침대가 이중 예약되어 결국 나 혼자 다른 방에서 잠들어서인지 아침부터 머리가 무겁다. 지도를 보니 11킬로미터 지점과 22킬로미터 지점에 묵을 수 있는 마을이 하나씩 있다. 12시도 채 안 됐을 때 첫 번째 마을인 카스트로헤리스Castrojeriz에 도착. 아무도 더 걷자는 말이 없으니 그냥 여기서 하루 묵어갈 수밖에 없다.

등산화를 햇볕에 널어놓고 슬리퍼만 신고 점심거리를 사왔다. 크루아상 샌드위치를 만들어 감자 칩과 같이 접시에 담으니 근사한 점심상 완성. 막 도착한 다른 순례자들까지 불러 오랜만에 여유로운 식사를 했다.

"엄마. 우리 오늘같이 하루에 10킬로미터씩 슬렁슬렁 걸으면 비행기 예약한 날짜까지 산티아고에 절대 못 가겠어요."

"괜찮아. 우리 걸을 수 있는 데까지 걷기로 했잖아."

"그래도 여기까지 왔는데 끝까지 못 간 채 집에 가면 아쉬울 것 같지 않아요?"

"아니. 내가 지금 이 길 위에 서 있을 거라고 상상이나 했겠어? 그냥 언제나 꿈일 뿐이었지. 이렇게도 왔는데 다시 한 번 못 오겠어?"

여기까지는 좋았다.

"내일 지나칠 프로미스타에 기차역이 있네. 아예 거기서 기차 타고 돌아가도 되긴 하겠네요. 카미노 중간 지점이니까 언젠가 돌아와 다시 걷기에도 좋을 것 같고요."

"그래. 생각해보니까 할아버지 제사가 다음 주잖아. 어차피 못 간다고 부탁은 하고 왔지만 그래도 계속 생각나고 마음이 불편했는데 아예 제삿날 전에 돌아가자. 진짜 비행기 일정 당겨서 돌아가면 안 될까?"

"아, 근데 엄마…… 지금 할아버지 제사가 그렇게 중요해요?"

아차. 말을 내뱉고 바로 후회했다. 엄마가 길게 침묵한다. 엄마 세대 아주머니의 여행에 시아버지 제사가 영향을 미칠 수 있다는 사실은 그 나이가 아닌, 그리고 며느리로 살아보지 않은 나로서는 상상할 수도 없던 일이었으니까.

동시에 조금 답답하다. 할아버지가 살아계신 것도 아니고, 우린 이 길 위에서 매일 돌아가신 분들을 위해 기도하며 걷고 있는데, 한 번쯤 제사 빠지는 며느리가 되면 뭐가 어때서. 오롯이 자신만 생각하며 걸으라고 당부한 이 길에서도, 엄마는 늘 집 걱정은 물론이고 돌아가신 시아버지 제사 걱정까지 안은 채 걷고 있었다. 화가 났다가 가라앉기를 반복한다. 얼굴이 붉으락푸르락하지만 엄마한테 싫은 소리 더 하기도 마뜩찮다.

엄마를 떼어놓고 동네만 하염없이 걷는다. 어찌 보면 이게 엄마의 삶일 테다. 엄마의 선택으로 흘러온 '오롯한' 엄마의 삶. 대신 살아보지 않았고 옆에서 돕지도 않았던 내가 지금 와서 간섭할 일이 아니다. 그리고 엄마의 고민과 결정에는, 수십 년 며느리로서의 길이 담겨 있다는 생각도 든다.

　여기서 만큼은 엄마 자신만의 삶을 누리라고 아무리 외쳐봤자, 한국에 돌아가는 순간 켜켜이 쌓인 여러 역할이 기다리고 있겠지. 나 역시 이제까지의 내 삶을 온전히 떼어놓을 수 없듯이, 그리운 얼굴이 떠오르고 돌아가서 해야 할 여러 책무가 생각나 답답해질 때가 있듯이.

　오늘 아침까지 길의 끝만 바라보며 걸었던 우리지만 이 잠깐의 사건을 겪고 나니 정말 돌아가야겠다는 확신이 든다. 어쩌면 아니 분명 우리는 산티아고까지 가지 못할 것이다. 🐚

27

프로미스타,
또 하나의 약속

Castrojeriz
→ Frómista
→ Palencia

프로미스타Frómista에서 바르셀로나로 가기 위해 기차를 타야 하는 작은 도시, 팔렌시아Palencia. 이 한적한 도시의 기차역 앞 공원 벤치에 엄마와 나란히 앉았다. 아이들의 스케이트보드 소리가 정적을 가른다. 밤 아홉 시가 넘은 시간, 이제야 해가 저물어간다. 바람에 나뭇잎이 휘날린다. 들판의 녹음을 데려온 여름 바람 냄새가 난다. 이 길 위에서 눈을 맞고 봄꽃을 보았으며 이제 여름의 태양과 바람에까지 슬쩍 닿았다. 변화무쌍했던 우리의 한 달을 생각해본다.

카미노 프랑스 길은 프랑스 생장피에드포르부터 스페인 북부까지 서쪽으로 횡단해서 산티아고 데 콤포스텔라까지 이어져 있다. 그리고 그 절반쯤 되는 도시인 부르고스와 레온, 우리는 그 사이의 프로미스타라는 작은 마을에 멈춘 것이다. 애초에 예상한 30여 일이 엄마의 걸음으로 이 길을 다 걷기에 짧은 시간이라는 걸 파악하는 데까지 며칠이 걸리지 않았다. 그리고 목적지만 바라보며 달려가는 몇몇 사람들을 보면서, 무엇이 중요한 것인지 다시 생각해보게 되었다.

시간이 날 때마다 휴가에 맞춰 조금씩 카미노를 걷는 유럽 사람들, 힘들거나 몸에 무리가 가면 작은 마을에서 하루 정도 더 쉬고 걷는 어르신들, 하루에 한 마을씩 천천히 걷는 사람들도 만났다. 그들과 함께 걸으며 목적지가 아니라 느리게 걷는 과정 자체를 아름답게 여기는 마음을 배웠다.

어떻게 보면 800킬로미터를 완주하겠다는 목표만 중요한 것은 아니다. 길 위에서 만나는 다양한 사람들, 그리고 마을마다 담긴 오래된 삶의 켜들을 마음에 새기는 일이 더 중요한 것을. 엄마와 나눈 수많은 이야기가 허겁지겁 지나쳐버리는 풍경들보다 더 소중한 것이다.

며칠 전 지도에서 프로미스타라는 마을을 발견했다. 기차역이 있었고, 지도상으로 카미노의 중간 지점이었다. 그것보다도 'Frómista'라는 단어 자체가 눈에 박혔다. '프로미스(promise)', 그리고 from, sta(rt), start from here. 아무 생각 없이 읽었는데 우연히 단어가 재조합 되었다. 그렇게 이곳에서 다시 출발하겠다는 약속을 하자는 뜻으로 읽었다. 우리는 엉뚱하게 이 프로미스타라는 작은 동네에 멈췄다. 엄마의 허리나 무릎에도 아무 문제가 없고, 심지어 30킬로미터를 걷고 나서도 별 탈 없던, 걷기에 제일 좋은 화창한 5월에.

다시 걷기 위해 반을 남겨놓겠다는 이야기를 했을 때, 사람들은 그게 어디 쉽겠냐며 우리를 말렸다. 하지만 막연하게 꿈만 꾸던 이 마법 같은 길 위에 서 있는 지금, 세상 어떤 꿈이라도 다 품을 수 있는 사람이 되었다. 언제가 될지 모르지만 다시 엄마와 혹은 아빠까지 세 가족이 다시 걷는 꿈을 조용히 품는다.

20일 넘게 같이 걸으면서 정들어버린 애순이 아줌마와 헤어지는 자리. 프로미스타의 작은 레스토랑에서 이른 저녁을 시켜놓고 앉았다. 저녁을 먹

는 둥 마는 둥 하고 앉아 있다가, 결국 셋 다 토끼 눈이 되도록 한참을 울었
다. 그리고 팔렌시아행 기차에 올랐다.

지금까지 총 365킬로미터를 걸었다. 이제 바르셀로나와 런던을 지나 만
킬로미터를 날아갈 것이고, 그 거리를 돌아와 언젠가 다시 함께 이 자리에
설 것이다. ◐

엄마·아들 봄 여행 일지

PAMPLONA

50년된 체육관에서
하룻밤을 보내다

Alto de
perdon

Zariquiegui

용서의 언덕을 용서
한눈벌

Uterga

ZUBIRI Larrasoaña

"우리, 집에 갈까?"

엄마, 애순이 아줌마
무릎부상!!

Torres
el Rio

Logroño
11.9km

Ventosa

Navarrete

↑
400m

LOGROÑO 엄마의 눈물

inosa
amino

AGÉS

San
JUAN
de
ORTEGA

Atapuerca

BURGOS

메합아버지의 귀곡산장

Alto
Mostelares

산아돈
아직까지

FRÓMISTA

ASTROJERIZ Itero
de la Vega

Boadilla 약속합니다!

걱정과 달리 순식간에 일상으로 회귀한 우리는
한 달씩 밀어놓았던 각자의 삶을 살기 시작했다.

한국에 돌아가면 어디든 걸어 다니겠다고
호언장담한 일이 무색할 정도로,
걷지 않았다.
그럼에도 스페인에서 그랬던 것처럼 하루에 네 끼씩 꼬박 먹었다.
반년 가까운 시간이 흐르고 늘어나는 몸무게만 바라보던 내가,
결국 말을 꺼냈다.

01 Puente la Reina. magdaybram 드리면 길어서 마치 드리는 그림을

지금이 아니라면
나도 엄마도 그곳을 다시 밟기 힘들 것임을,
'서울의 삶'을 살면서 느꼈기 때문일지 모른다.
혹은 끝나가는 여름밤에 어디선가 불어온 한줄기의 바람이,
팔렌시아 기차역에 앉아 다시 오리라 약속하던
그날 해 질 녘의 바람과 닮았기 때문일지도 모른다.

VILLAMAYOR de MONJARDIN. 나도 터툴리앙처럼 누군가의 마음에

"엄마, 우리 다시 돌아갈까?"

Albergue
Logroño

Logroño, 20130505 짱순

Espinosa del Camino, 페페할아버지의 무심한 알베르게. 2013.05.09 mor

그렇게
우리의 두 번째 여행이
시작되었다.

가을날의
산티아고

01

여전히 새로운
두 번째 길

Seoul, Korea
→ Madrid, Spain

카미노의 남은 절반을 걷기 위한, 여행의 두 번째 출발. 프랑스 파리에서 시작한 첫 번째 여행과는 다르게 곧장 스페인으로 향하는 길. 마드리드에서 하룻밤 묵은 뒤 기차를 타고 약속의 땅 프로미스타로 갈 참이다.

봄날 파리에 내렸던 시간과 비슷한 늦은 밤, 마드리드 공항에 도착해서 급히 지하철 입구를 찾았다. 어렴풋이 파리 시내로 향하던 지하철 안에서 뻣뻣하게 얼었던 기억이 떠오른다. 혹시나 해서 엄마 표정을 살폈는데 이번엔 뭔가 다르다. 누가 달려들어도 끄떡없을 듯 다부진 눈빛이다. 그것만으로도 내 커다란 배낭이 한껏 가벼워진다.

인터넷으로 미리 예약해둔 숙소는 조용한 주거단지에 위치한 마리나와 나디아 그리고 고양이 코제트가 사는 작은 아파트. 러시아와 프랑스 출신의 마리나와 나디아는, 5년째 마드리드에 살면서 각각 직장생활을 하고 있다.

2년 전부터 같이 살며 남는 방 하나는 여행객들에게 내어준다고 한다. 신경을 많이 쓰는지 집안 구석구석이 예쁘다. 엄마는 익숙하지 않은 비행 여정이 힘들었는지 짐을 풀자마자 바로 잠들어버렸고, 나는 그녀들과 거실에 앉아 늦게까지 이런저런 이야기를 나누었다.

다음날, 일찍 일어났다고 생각했는데 마리나는 벌써 회사에 가고 없다. 허겁지겁 나갈 채비를 하던 나디아가 갑자기 뭔가 생각난 듯 고양이가 앉았던 소파를 치우기 시작한다. 털이 좀 남아있지만 그래도 소파에 앉아보라고 보챈다.

"우리 고향에서는 여행을 떠나기 전에 소파나 의자에 몇 분 동안 가만히 앉아 있어. 아무 말도 하지 않고 그냥 혼자 머릿속에 여행을 그려보는 거지. 어디를 갈까, 그곳에서 어떤 생각을 할까, 미리 한 번씩 떠올려보는 거야. 그러면 더 풍요로운 여행이 된다. 우리도 여행하거나 오래 집을 비우기 전에는 꼭 이 소파에 앉았다가 출발해. 한번 앉아봐."

엄마와 나란히 소파에 앉았다. 창문 밖에서 들려오는 소리를 듣고 있는데 스멀스멀 여러 생각이 올라온다. 느리게 걷겠다고 다시 떠나왔지만 허겁지겁 출발하느라 여태 여유가 없었다. 나디아의 말처럼 우리 여정을 흰 도화지에 스케치하듯 천천히 머릿속에 그려본다. 조급하던 마음이 조금 차분해진다. 매일 하루 여정을 시작하기 전에, 아니 매 순간 이런 여유를 가질 수 있게 해달라고 마음속으로 빌었다.

그녀들의 집을 나오는 길. 고작 하루 머물렀는데 우리 집을 떠날 때처럼 자꾸 뒤돌아본다. 배낭도 처음 메는 것처럼 어색하다. 마리나가 가르쳐준 버스를 타고서 엄마와 나란히 앉았다. 다음 정류장에서 꽃무늬 원피스에 가죽가방을 든 할머니가 우리 앞에 자리한다. 스페인 사람들의 세련된 패션 감각을 두고 수다를 떨다가 이때다 싶어 살짝 끼워 말했다.

"근데 엄마~."

"응."

"나디아랑 마리나랑 결혼했대."

"둘 다 결혼했다고?"

"아니, 둘이 결혼했다고."

"……응?"

"거실에 드레스 입고 같이 찍은 사진 걸려 있었잖아. 파티 했느냐고 물어봤더니 결혼식 사진이래."

"……."

엄마는 한참 동안 말없이 창밖에 스치는 마드리드 거리만 내다보았다. 엄마의 두 번째 길, 그리고 우리의 두 번째 길. 여전히 모든 것이 낯설고 어색한 먼 나라의 길. 아직 시작일 뿐이지만 첫날부터 우리와 다른 삶을 만나고 그 속에 살짝 몸을 담갔다 꺼냈다. 신기하게 몸과 마음이 금세 새로운 삶에 익숙해진다. 말은 없지만 엄마도 분명 그러리라.

이렇게 엄마와 아들은 두 번째 길 위에 조심스레 발을 내딛는다. 🐚

02

<h1>천사를
만나다</h1>

Madrid
→ Palencia
→ Frómista

마드리드에서 출발한 기차가 팔렌시아^{Palencia}까지 내달린다. 두 시간째 장난감 영웅들을 데리고 자기만의 영화를 찍고 있는 건너편 꼬맹이 뒤편으로, 가을의 들녘이 펼쳐져 있다. 지난봄과 반대로 팔렌시아에서 프로미스타로 가는 마지막 기차로 갈아타고서, 애순이 아줌마랑 눈물의 식사를 했던 레스토랑 옆 오스탈에서 하루 묵어갈 예정이다.

"엄마, 기분이 어때요?"

"첫 번째보다 더 안 믿겨. 꿈으로 남겨둘 거라고만 믿었던 2라운드가 시작되다니."

하지만 팔렌시아 기차역에 내려서 문제가 생겼다. 프로미스타행 기차가 오늘은 더 없단다. 봄에 떠날 때 확인한 기차 시간표가 바뀐 것이다. 프로미스타의 오스탈만 인터넷으로 예약한 채 쾌재를 부른 것을 살짝 후회했다. 날이 어둑어둑해져 간다. 어쩔 수 없이 봄 여행을 마무리했던 기차역 옆 공원 벤치에 잠깐 앉았다.

　의욕이 넘쳤던 첫 번째 출발과는 마음이 사뭇 다르다. 처음부터 단추를 잘못 끼운 것 같은 불안감이 엄습한다. 지나가는 소녀에게 버스터미널을 물어봤더니, '저쪽으로 조금만 가면 돼'라며 거리도 시간도 가늠할 수 없는 답을 한다. 대충 방향만 잡고 걷는데 뒤에서 누가 부른다.

　웬 할아버지다. 분명 몇 분 전까지만 해도 이 길 위에 우리 둘밖에 없었는데 어디서 나타난 걸까. 추레한 옷차림에 구부정한 자세로 서 있다. 깊게 파인 얼굴의 주름 때문에 표정을 읽을 수도 없다. 그가 다짜고짜 우리한테 손짓하면서 따라오란다. 나는 아직 판단이 덜 섰는데 물어볼 겨를도 없이 엄마가 먼저 발을 뗀다. 어쩐 일인지 발걸음에 확신이 담겨 있다. 아들은 그 뒤를 따르며 할아버지에게 짧은 스페인어로 '오늘 프로미스타에 꼭 가야 한다'고 여러 번 외칠 뿐이다. 기껏 돌아온 답은 '알고 있다'는 짧은 한마디.

　그는 막 문을 닫으려는 시외버스 정류장으로 우리를 데려갔고, 출발하려는 버스를 붙잡아 태웠다. 프로미스타 가는 버스냐고 세 번이나 반복해 물어보고서야 마음이 놓였다. 고맙다는 인사를 하려는데 할아버지가 우리 앞자리에 앉는다.

　버스가 출발하고 얼마 지나지 않아 황량한 메세타 평원의 지평선 끝에서 거대한 먹구름이 몰려오기 시작했다. 멀리 번개가 치는 것도 보인다. 해가 떨어져 어두워진 하늘을 배경 삼아 화려하게 번쩍인다. 버스는 끝없이 달린다. 이대로 오늘 안에 프로미스타에 도착할 수 있을까. 불안한 마음이 널뛰기 시작했다.

　한 시간을 달려 낯익은 동네가 나왔다. 애순이 아줌마랑 헤어져 눈물을 머금고 엄마와 걷던 그 길. 이제야 안심이다. 할아버지한테 감사하다는 인사를 하고 내리는데 이번에도 우리를 따라 내린다. 그리고 지도를 펴놓고 두리

번거리는 우리에게 다시 다가온다. 지도에서 오스탈 이름을 확인하고서 앞장서더니 화분이 있는 현관 앞에 도착한 뒤에야 멈췄다. 뒤따라 걸으며 무슨 꿍꿍이가 있는지, 숙박업소 '삐끼'는 아닐지 의심을 품었던 우리가 진심 어린 감사 인사를 꺼내기도 전에, "부엔 카미노!"를 외치고 홀연히 사라져버렸다. 오스탈에 들어서기를 기다렸다는 듯 비가 퍼부어 내렸다.

　누구였을까, 그는. 그냥 프로미스타에 사는 할아버지가 팔렌시아에 나왔다가 딱 보니 순례자인 우리가 애처로워 보여서 돌아가는 길에 데리고 온 것뿐일까? 하지만 반년 만에 돌아온 외딴 스페인에서 잠시 당황했던 우리에게 그는, 하늘에서 내려온 천사와 다름없었다.

　짐을 풀고 창문을 열었더니 아까 그 번개가 코앞까지 찾아와 있다. 그를 만나지 못했다면 그대로 몸으로 맞아야 했을 거다. 비가 더 거세지고 있지만 내일 여정이 걱정되지는 않는다. 이 길 위라면, 오늘 만난 천사처럼 누군가 나타나 함께 해줄 거라고 믿기 때문인지도 모른다.

03

별을 따라
걷는 길

———————

Frómista
→ Carrión de los Condes

카리온 데 로스 콘데스Carrión de los Condes의 오래된 성당에서 밤늦은 시간에 순례자를 위한 미사가 열리고 있다. 곱게 차려입은 스페인 시골 할머니들과 슬리퍼에 반바지 차림인 순례자들이 뒤섞여 앉은 모습이 이제는 낯설지 않다. 미사가 끝나자마자 수녀님이 마이크를 잡더니 말을 시작했다.

"산티아고 데 콤포스텔라가 무슨 뜻인지 아시죠? 바로 '별들의 언덕 산티아고'라는 뜻이에요. 성 야고보의 유해가 묻혀 있는 곳이기도 하죠. 오늘은 신부님의 축복과 함께 이 별을 나눠드릴 거예요. 우리가 직접 만들고 색칠한 별이랍니다. 이 별을 잃어버리지 말고 가슴에 잘 품고 산티아고까지 걸어주세요. 그리고 이 별을 볼 때마다, 자기 마음속의 별을 생각해보세요. 누구든 반짝이는 무언가가 하나씩 마음에 자리 잡고 있답니다. 사랑하는 사람이 될 수도, 자신의 꿈이 될 수도 있어요. 그 소중한 것을 생각하면서 한 걸음씩 걸어보세요. 그러면 어느새 별이 눈앞에 나타날 거예요."

〈사운드 오브 뮤직〉의 마리아를 닮은 젊은 수녀님이 기타를 치면서 노래를 부르기 시작한다. 목소리가 별처럼 빛난다. 성당의 높은 천장을, 그리고 밤하늘을 가득 채운다. 그녀들이 손에 조심스레 쥐어준 별을 바라본다. 알록달록 색연필로 칠한 육각형의 별이다. 손을 한 번 쥐었다 펴면, 구겨져 쓰레기가 되고 말 연약한 별이기도 하다.

숙소에 돌아오자마자 엄마랑 반창고를 감아 별이 도망가지 못하게 수첩에 꼬옥 붙였다. 이 정도면 떨어지지 않을 거라고 뿌듯해하며 자리에 눕는다. 불을 끄자마자 널어놓은 양말 사이로 보이는 창밖에 별이 쏟아진다.

이 자그마하고 예쁜 별을 잃어버리지 않기로 한다. 그리고 우리 마음속에 숨어 있는 별 또한 잊지 않기로 약속한다.

04

우리 삶의
모든 순간

Carrión de los Condes
→ Lédigos

카리온 데 로스 콘데스에서 레디고스Lédigos로 가는 길. 여름도 다 지났지만 가을의 메세타 역시 후끈거린다. 태양의 위용이 초원의 생기마저 모두 빼앗아버린 듯 볕을 좇던 해바라기조차 고개를 숙인 채다. 흙길이 지루할 정도로 끝없이 이어진다. 엄마도 무미건조한 풍경에 벌써 지친 기색이다. 수다나 떨어볼까 머리를 굴리다가, 아침에 읽은 가이드북 내용을 이야기하기 시작했다.

"엄마, 이 동네는 이슬람 통치 아래 있을 때 해마다 처녀 4명을 이슬람교도에게 바쳐야 했대요. 한 번은 처녀들이 성모님에게 자신들을 구해달라고 간절히 기도했고, 어디선가 황소들이 나타나 이슬람교도들을 쫓아버렸대요. 그 황소가 신앙이 있는 사람에게만 보였다나."

"여기가 그 기적 같은 동네라는 거잖아. 그럼 저기 초원의 소들이 그 황소 무리의 후손이겠네?"

"못 말려!"

다시 침묵. 한참을 오로지 걷는다. 입이 마르고 지루해 길바닥에 주저 앉을 뻔할 즈음 기적처럼 쉼터가 나타났다. 동양인 아주머니가 영어를 한마디도 못하는 스페인 남자랑 이야기를 나누고 있다. 그녀도 스페인어는 못하는 눈치. 손짓 발짓 동원해 대화를 이어나가는 게 신기해 쳐다보는데 눈이 딱 마주쳤다.

"Where are you from? Korea?"

"어, 한국분이세요?"

"네. 반가워요!"

원어민 발음의 영어로 우리의 국적을 확인한 그녀는 약간은 어눌한 우리말로 자신을 소개했다. 그녀의 이름은 선^{Sun}, 미국 샌프란시스코에 살고 있단다. 애순이 아줌마가 떠올랐지만 그보다 훨씬 가냘픈 모습에 나이도 더 들어 보였다. 엄마랑 함께 온 나를 보고서 선뜻 아들 이야기를 꺼낸다. 딸은 혼자 먼 길을 여행할 엄마 걱정이 태산이었지만 아들은 달랐다고 한다. 쉬운 여행 하지 말고 최선을 다해, 요령 피우지 말고 걸으랬다나. 엄마가 홀로 배낭 메고 나설 때 나도 그렇게 다부지게 이야기할 수 있을까. 그런데 그녀의 안색이 썩 좋지 않다.

"사실 며칠 전에 큰일 날 뻔했어요. 알베르게 샤워실에 들어가다가 미끄러져서 뒤로 넘어진 거예요. 머리를 바닥에 세게 부딪혔죠. 잠깐 의식을 잃었다가 눈을 떠보니 외국 여자애 둘이 절 쳐다보고 있었어요. 그녀들의 응급조치를 받고 시내의 큰 병원에 갈 수 있었죠. 알고 봤더니 둘 다 간호사라지 뭐예요!"

"와, 천만다행이었네요."

"그러니까요. 사람이 별로 묵지 않는 외딴 알베르게에 놀랍게도 간호사

둘이 있어 제 생명을 구한 거예요. 나는 기적을 믿지 않는 사람이에요. 종교도 없죠. 하지만 이 길 위에서는 자꾸만 기적 같은 일이 일어나요."

우리는 한참 동안 서로의 여정을 나누며 사과도 나눠 먹었다. 컨디션이 좋지 않은 그녀는 천천히 걷겠다며 먼저 출발하라 했다. 그 이후로 그녀와 다시 만나지 못했다. 간혹 스쳐 가는 이들에게 아느냐고 물었지만 본 사람이 없었다. 잘 걷고 있는지 다친 머리는 괜찮은지 알 길이 없었다.

그럼에도 그녀의 말대로, 기적 따위는 없다고 생각하던 우리 삶이 실은 모든 순간 기적일지도 모른다. 엄마와 함께 두 번이나 카미노 위에 선 것도, 애순이 아줌마를 만난 일도, 그녀를 떠올리는 또 다른 짧은 인연을 만난 것도, 모두 단순한 우연으로 치부하기엔 지나치게 운명적이므로. 그러니까 선 아주머니도 어디선가 아들의 다부진 조언을 새기며 기적 같은 걸음을 내딛고 있으리라, 그렇게 믿어본다. 🐚

05

놀이 하나,
끝말잇기

Carrión de los Condes
→ Lédigos

어릴 적 아빠 차를 타면 언제나 뒷자리에 누워 잠을 잤다. 다 자고 일어 났는데도 여전히 꽉 막힌 경부고속도로일 때는 부모님께 게임을 하자 했다. 나라 이름 대기, 수도 이름 대기, 창밖 보면서 무지개 색 순서대로 찾기, 돌아가면서 노래 부르기 같은 것들을. 그중에서도 제일은 끝말잇기였다. 길옆으로 펼쳐진 포도밭과 지평선의 아득함이 지겨워질 무렵, 엄마와 나는 십여 년 만에 끝말잇기 배틀을 시작했다.

≫ 아들 ≫ 엄마

≫ 카미노! ≫ 노르웨이 ≫ 이모 ≫ 모기 ≫ 기차 ≫ 차도 ≫ 도래
≫ 래, 래…래…………래프팅 ≫ 팅커벨 ≫ 벨기에 ≫ 에스파냐 ≫ 냐…냐옹?

≫ (웃음) 옹심이 칼국수! 먹고 싶다. ≫ 수제비 ≫ 비름나물

≫ 너 비름나물도 알아? ≫ 우리 집은 고기 반찬 말고 나물만 먹으니까요.

≫ 내가 나물만 해주냐? 물건! ≫ 건어물 ≫ 물방개 ≫ 개미핥기 ≫ 기저귀 ≫ 귀리 ≫ 리본 ≫ 본드 ≫ 드럼세탁기 ≫ 기장군 ≫ 기장군? ≫ 부산 위에 기장군~ ≫ 알겠어. 군수.

≫ 수도방위사령부. 으아 유격훈련 받던 거 생각난다. ≫ 이제 군인 아니거든 너. 부채!

≫ 채석강 ≫ 강물 ≫ 물터 ≫ 터줏대감 ≫ 감수성 ≫ 성묘 ≫ 묘지 ≫ 지도

≫ 도수분포표 ≫ 표창장 ≫ 장티푸스 ≫ 스피노자 ≫ 자아 ≫ 아침 ≫ 침소 ≫ 소금

≫ 금지옥엽 ≫ 엽사 ≫ 엽사? 엽기 사진? ≫ 얌마! ≫ 그럼 사냥꾼! ≫ 군대

≫ 꾼인데? 알겠어요. 한 번 봐주기 쿠폰. 대민지원!

≫ 원자 ≫ 자화자찬 ≫ 찬모 ≫ 찬모? 찬모가 뭐예요? ≫ 반찬 만들어주는 사람~

≫ 찬모는 모르고 식모는 알겠는데. ≫ 유모, 찬모, 식모. 예전엔 그렇게 불렀어.

≫ 집에 가서 검색해 볼 거예요. ≫ 너는 엄마를 뭘로 보냐!

≫ 진짜 처음 들었다니깐! 나는 찬미하고 사모하고 완전 열렬히 사랑하는 건 줄 알았어요. ≫ 아이고, 너 좋아하는 사람 있냐?

≫ 없어요. 없어! 엄마는!!

그 외에도 본초강목, 소쇄원, 공수래공수거, 보이스피싱, 미인박명, 척사대회 등의 단어들이 한 시간 넘게 오고 갔다. 아무 생각 없이 시작한 끝말 잇기인데 말을 잇다 보니 깨달은 바가 있다. 엄마와 내가 쓰는 어휘가 상당히 다르다는 것. 아니, 다른 것이 아니라 내 머리에 저장된 단어 수가 현저히 떨어지는 것 같다. 나뿐만 아니라 우리 세대가 모두 그런 건 아닐까. 책 대신 스마트폰만 들여다보던 요즘을, 전파도 안 터지는 카미노 위에서 후회했다.

그래도 한 가지 좋았던 건, 그렇게 단어들을 내뱉다 보니 순식간에 지루한 구간을 뛰어넘었고 많은 생각을 했으며 함께 웃었다는 것. 그리고 어느새 오늘 가기로 한 작은 마을 앞에 도착해 있었다는 것. ☺

06

놀이 둘,
B급 더빙영화 시나리오

Lédigos
→ Sahagún

봄에도 이 길을 걸어서일까. 그렇다고 같은 장소도 아닌데, 걷는 것에 집중하거나 풍경을 보며 감탄하기보다 엄마랑 티격태격하고 수다 떨고 노닥거리는 시간이 많아졌다. 끝말잇기도 더는 통하지 않을 정도로 걷는 게 심심할 때 꺼내 드는 놀이가 하나 더 있다. 길 위의 수많은 사람을 등장인물로 즉흥 시나리오 한 편씩을 뚝딱 만드는 것. 오늘 캐스팅된 배우는 앞서 가는 빨간 스웨터를 입은 할머니와 푸짐한 점퍼 차림의 지팡이를 짚은 할아버지 부부다.

001. 레디고스에서 사아군으로 가는 길 위 (오전)

햇볕이 쨍한 가을의 카미노. 메세타 한가운데의 작은 마을을 지난 지점. 순례자들 사이로 강아지 두 마리가 뛰어간다. 뒤이어 점퍼 차림의 지팡이를 짚은 할아버지와, 빨간 스웨터를 입은 할머니가 손을 꼭 잡은 채 걸어간다. 함께한 지 50년은 되어 보이는 노부부. 이 길을 오랫동안 매일 걸었는지, 뒤따라오는 젊은 순례자들보다 걸음이 빠르다.

할아버지// (가던 길을 멈추고) 날씨가 너무 더운 거 아니여?
할머니// 그러니까 내가 점퍼 입을 때 아직 안 됐다고 했잖아유. 내 말 좀 들으라니까 그래.
할아버지// (기어들어가는 목소리로) 아니, 아침에 개밥 주러 나왔을 때 썰렁해서……

남편, 지팡이를 부인에게 넘겨주고 어눌한 몸짓으로 간신히 옷을 벗는다. 부인, 많이 해본 듯 능숙하게 남편의 소맷자락을 잡아 빼준다.

할머니// 으이구. 이리 줘유.
할아버지// (점퍼를 부인에게 빼앗기면서) 들고 갈 수 있다니께……

부인, 남편의 점퍼를 자신의 팔에 두르고 다시 걷기 시작한다. 아직 심은 지 얼마 안 된 키 작은 나무까지 갔다가 되돌아 걷기 시작한다. 강아지들이 길을 기억하는지 먼저 뒤돌아 폴짝폴짝 뛴다. 만나는 순례자들에게 반갑다고 한 번씩 왕왕 짖으며 노부부 곁을 지킨다.

002. 같은 길 위 (같은 시간)

(카메라, 180도 뒤로 돌아 같은 길에서 걷고 있는 동양인 모자를 줌인)
한국에서 온, 키 작고 덩치만 큰 아들과 순례자 중 제일 키가 작을 것 같은 엄마가 노부부의 뒤를 따라 걷고 있다. 부지런히 걷는 것 같은데 이상하게 거리는 점점 벌어진다.

아들// 아이고, 왜 점점 멀어지지? 우리 빨리 걷고 있는 거 아니야?
엄마// 할머니, 할아버지가 엄청나게 잘 걷네.
아들// 어? 근데 왜 돌아오지?

엄마// 저기가 맨날 돌아오는 자리인가? 저 작은 나무도 할아버지가 심어놓은 것 아닐까? 여기가 우리 반환점이여~ 하면서.

아들// 그럴 수도 있겠다. 다른 사람들이 일생 한 번 올까 말까 하는 카미노를 매일 산책하다니 부러워요. 순례길 걷는 게 큰 도전이 아니라 일상이 되는 거잖아요.

엄마// 그러게. 이 길 위에 사람들은 좋겠네.

아들// (할아버지 목소리로) 아이고, 할멈. 저 아장아장 걷는 동양 사람들 좀 봐. 저렇게 걸어서 언제 간다?

엄마// (할머니 목소리로) 영감! (다시 원래 목소리로 돌아와서) 아니, 너 맞을래?!

07

엄마가 그림을
그린다

Lédigos
→ Sahagún

1.

"아들! 나 그림 가르쳐줘."

순례길 한복판에서 엄마가 내뱉은 뜬금없는 말에 당황해서 걸음을 멈췄
다. 그림은 고사하고 대학교 때 서예 서클 활동을 했다는 엄마의 붓글씨 한
번 구경해본 적이 없는데 갑자기 그림을 가르쳐달라니. 엄마는 꽃을 그리고
싶다 했다. 문득 오늘 아침의 단상이 떠올랐다. 꽃을 좋아하는 엄마는 순례
길 위로 매일같이 쏟아지는 신상(!) 꽃들을 보고 보물이라도 발견한 표정으
로 달려가 찍어댔다. 어제도 그제도 여러 번 찍은 꽃인데 또 찍길래 카메라
를 뺏어서 사진을 들여다봤다.

"이게 뭐야! 왜 초점이 하나도 안 맞았어요?"

"사진 찍을 때 바람이 불어 꽃이 흔들려서 그렇거든? 그리고 네가 내 나

이 되어봐라."

그랬다. 엄마가 찍은 접사 사진 중에 초점이 맞은 게 거의 없었다. 몇 년 전 어버이날 사드린, 벌써 구형이 된 디지털카메라가 범인일 것으로 생각해 봤지만 아무래도 제일 유력한 용의자는 엄마가 지낸 세월이었다.

"왜 꽃을 그리려고요?"

"네 말대로 사진으로 찍어도 잘 나오지 않고, 무엇보다 직접 그려보고 싶어. 옛날부터 그랬어."

"그럼 진작 말하지 그랬어요."

"네가 나랑 눈 마주칠 시간이나 있었냐? 말했으면 가르쳐 줬을까!"

"알겠어요, 알겠어. 오늘부터 하나씩 그리자고."

잘된 일이다. 천체 망원경을 들고 여기저기 별을 보러 다니는 아빠나 악기를 둘러메고 주말마다 나가는 나와 다르게 엄마에겐 특별히 취미라고 꼽을 만한 것이 없었으니까. 하지만 정작 가르쳐야겠다고 생각하고 나니 가족 끼리는 운전도 가르치는 게 아니라는 말이 떠올랐다. 운전보다 꽃 그림이 난이도가 더 높아 보이는데 나, 엄마에게 무사히 그림을 가르칠 수 있을까?

괜히 생각이 많아져 말없이 걷다 보니 어느새 사아군Sahagún에 도착했다. 알베르게에 짐을 풀고 나서, 빨래를 널어놓고 볕 잘 드는 마당 테이블에 자리를 잡았다. 여행 중에 그리려고 챙겼으나 전혀 사용하지 않은 미니 팔레트와 여행용 스케치북이 고스란히 엄마 손에 들어갔다. 어디서부터 가르쳐야 할지 막막해하는 사이에 엄마 혼자 오전에 봤던 별모양 꽃을 그리더니 색을 칠하기 시작했다. 다 그리고 나서 한 마디.

"못 그리겠다, 야."

2.

그래 놓고서 엄마는 시간이 날 때마다 스페인산 신상 꽃을 하나씩 그리

기 시작했다. 수채화 그릴 때 물 조절을 어떻게 하는지 알려준 것이 전부였
건만 스케치와 채색을 혼자서 능숙하게 해나갔다. 신기하게도 엄마가 꽃을
그릴 땐 주위에 사람이 모여들었고, 엄마는 부끄럽지도 않은지 더 신 나서
그림을 그렸다. 난 옆에서 '이게 글쎄 우리 엄마가 그린 거야. 놀랍지 않아?'
정도의 추임새를 넣어가며 호들갑을 떨었다. 무엇보다 엄마가 그렇게 행복
해하는 표정은 처음이었으니까.

"나 안 할래."
다시 엄마의 엄살이 시작된다.
"왜요? 이렇게 예쁜데? 사람들 눈이 다 휘둥그레지잖아."
"못 그리겠어. 내 그림은 하나도 안 예뻐. 하느님은 무슨 꽃을 이렇게 어
렵게 만드셨다니."
"엄마는, 눈만 높아서. 엄마 이제 네 번째 꽃 그림이거든요? 누가 들으면
몇 백 장은 그린 줄 알겠다."
엄마의 패턴은 똑같았다. 조금 그리다가 못 그리겠다고 투정부린 후, 독
려의 칭찬 몇 마디 정도를 들은 후 조금 더 그려서 완성하고는 '멀리서 보니
까 예쁘네!' 식의 마무리. 그렇게 관심이 필요한 엄마의 그림이 한 장씩 늘어
나고 있다. 그림들은 엄마가 맘대로 붙인 이름표를 달고서 '엄마표 카미노
꽃 도감'이 되어간다.

엄마가 그림을 그리게 된 후 정작 나는 절필 선언이라도 한 듯 그림을 안
그리고 있지만, 그래도 마냥 기분이 좋다. 엄마표 꽃 도감은 얼마나 두꺼워
질까. 이 길을 다 걷고 나면 바르셀로나의 작은 화방에 들러야지. 물감도 사
고 수채화 종이도 사고, 엄마와 어울리는 작은 붓도 하나 골라봐야겠다.

핑크공주꽃
학명: 당아욱 Malva Sylverstris
가을 들판에 이따금씩 나타나는 귀여운
분홍색 꽃.

보석꽃
산티아고를 50킬로미터 남긴 지점부터 나타난,
보석이 대롱대롱 매달린 듯한 꽃.

기도꽃
학명: 샤프란 Crocus Sativus
가을 순례길 중 가장 많이 만난 꽃. 신기하게 순례
길이 지나는 길가에만 줄지어 피어 있다. 수많은
순례자들의 기도를 듣고 피어난 꽃 같아 기도꽃
이라고 이름 지었다.

들국화
학명: 감국 Dendranthema Indicum
우리나라 들국화와 같은 꽃.

안녕꽃
학명: 말랭이장구채 Melandryum Noctiflorum
인사하는 것 같이 반갑게 고개 숙인 꽃.

사철꽃
학명: 가시금작화 Tojo
봄에 피레네 산맥에서 눈에 덮인 것을 봤는데,
가을 산길에 무더기로 노랗게 피어 있었다.
5~6월에 핀다고 하지만 카미노 위에서는
사시사철 피는 것 같다.

아기별꽃
분홍색 별모양으로 생긴 귀여운 꽃.

요망꽃
학명: 시계꽃 Passiflora Caerulea
자연의 신비를 느끼게 하는 신기하게 생긴 꽃.
꽃받침이 시계의 문자판과 닮았다.
폰페라다 가는 길에서 만나다.

접시꽃
학명: 접시꽃 Rosea Althaea
라바날 베네딕도 수도원 앞에서 만난 접시꽃.

무궁화

학명: 무궁화 Hibiscus Syriacus

우리나라 꽃인 무궁화를 사모스 수도원 가는 길에
서 만나다. 반가운 마음 가득이다.

담장꽃

학명: 죽단화 Kerria Japonica

우리 윗집 담장에 가득 피어있는 꽃이랑
똑같은 꽃.

청초꽃

학명: 치커리 Cichorium Intybus

노란색과 분홍색 꽃 사이에 청초하게 피어 있던
파란색 꽃. 알고 봤더니 치커리꽃!

08

소박하지만
큰마음들

Sahagún
→ El Burgo Ranero

엄마의 복숭아뼈가 심상치 않다. 오늘따라 의욕이 넘치는지 운동화 광고하는 걸그룹 멤버같이 반나절을 걷더니만 도리어 걸음이 느려진다. 엄마 말로는 신발 끈을 꼭 매고 걸어서 그렇단다. 점점 힘든지 신발을 벗고 서는 일도 잦아진다. 멈춰선 그녀가 복숭아뼈에 3M 반창고를 몇 겹씩 겹쳐서 댄 걸 보고나니 나도 속도가 안 난다. 결국 목적지에 한참 못 미치는 초원 한가운데에 나타난 작은 마을에서 묵어가기로 했다.

노란색의 아담한 알베르게 하나를 찾았는데 문이 잠겨 있다. 망연자실한 채 둘러보는데 낡은 승용차 한 대가 들어와 문 앞에 멈췄다. 거동이 불편한 호호 할아버지가 여인의 부축으로 간신히 차에서 내린다. 먼 병원에라도 다녀오는 행색이다.

"미안해. 요즘 순례자가 적어서 원래 문을 안 열려고 했거든. 많이 기다
렸어?"

그녀는 간신히 발걸음을 떼는 할아버지를 부축하며 아주 천천히 건물 안
으로 들어간다. 우리도 느린 행렬을 잇는다.

"너희 할아버지야?"

"아니, 우리 아버지야. 아흔네 살이셔. 우리 부부랑 같이 살고 있어. 저
기 2층에 올라가면 빨랫줄에 침대보가 널려있을 거야. 걷어서 침대에 씌
우고 있으면 금방 갈게."

금방 온다던 그녀는 침대보를 다 깔고 배낭 풀고 누웠다가, 엄마 복숭아
뼈 체크를 하고 파리를 다섯 마리쯤 잡은 후에야 올라왔다. 아버지 점심을 차
려드리느라 늦었다는 이야기를 들으니, 아무 불평도 할 수 없었다.

　얼마나 지났을까. 비가 와서 말리지 못했던 옷가지를 햇살 드는 창가에 널고 있는데, 부르는 소리가 들린다. 부엌에 내려갔더니 아무도 없다. 대신 식탁에 방금 딴 청포도만 쟁반 한가득 놓여 있다. 멀리서 맘껏 먹으라는 그녀의 목소리가 들린다. 또 아버지를 위해 바삐 움직이고 있나 보다. 마음으로나마 챙기려는 그녀가 고맙다.

　소박한 마음이 담긴 포도를 소박하지 않게 잔뜩 먹었다. 우리나라 포도보다 훨씬 작고 꼬질꼬질하지만 오래도록 남을 달콤함이 입안에 가득하다.

　방으로 올라오면서 창밖으로 내려다보니 마당 어귀의 낡은 의자에 할아버지가 앉아서 볕을 쪼이며 올려다본다. 나도 할아버지 이마의 주름만큼이나 오래된 집을 찬찬히 훑어본다. 척박하지만 따뜻한 시골에서의 삶, 나이 든 아버지와 철 든 딸 부부의 오붓한 생활을 그려본다.

　엄마랑 오늘은 온수를 조금만 쓰기로, 소박하지만 큰 약속을 했다. 🐚

09

파라도르에서의
화려한 하룻밤

El Burgo Ranero
→ León

드디어 레온León에 입성했다. 레온은 프랑스 길의 3분의 2지점에 위치한 큰 도시로, 보통 이곳에서 여독을 풀고 재정비하면서 칸타브리아Cantábria 산맥을 넘기 위한 힘을 모은다. 그리고 레온은 부르고스부터 수백 킬로미터 이어진 메세타 구간이 끝나는 지점이기도 하다. 황량한 메세타의 한복판에서 여정을 멈추고 두 계절을 보내고 온 우리에게는, 무려 반년 만에 메세타를 탈출(?)하는 중요한 날이기도 하다.

공교롭게 바이오리듬은 바닥을 치는 중이다. 엄마의 복숭아뼈는 여전히 부어 있다. 한국에서 출발할 때쯤 시작한 나의 원인 모를 설사병도 여태 이어지고 있다. 이래저래 자축하고 쉬어갈 겸 알베르게보다 편안한 잠자리에 묵으려고 지난밤 느린 인터넷으로 숙소를 알아보았다. 그리고 엉뚱하게도 '초특가' 메뉴에서 파라도르Parador를 발견했다.

1
칸타브리아 산맥의 남쪽에 있는 로마인들이 세운 도시.
레온 대성당(Catedral)은 고딕양식으로 만들어진 걸작으로
화려한 스테인드글라스가 볼 만하다. 순례길 거점 중에서
인구가 많은 중심 도시에 속하며 관광객과 순례자가 많이
찾는다.

파라도르는 중세 수도원 건물을 스페인 정부에서 리모델링해 만든 고급 호텔체인이다. 레온에도 도시 끝에 산 마르코스 수도원Monasterio de San Marcos을 리모델링한 파라도르 레온이 있다. 12세기에 순례자 숙소로 세워져서 운영 됐고, 순례자들을 보호하는 산티아고 기사단의 본부로도 쓰였다고. 우리도 호텔 로비에서 사진이나 찍고 가려고 했는데 딱 하나 나온 저렴한 방을 발견한 것이다. 고민할 것도 없이 결제부터 해버렸다. 엄마한테 생색내야겠다는 다짐과 함께!

호텔에 도착해 체크인하고 객실까지 올라가는 데에 한참이 걸렸다. 곳곳에 남은 중세 순례자의 흔적과 우리를 지켜줄 것만 같은 산티아고 기사단의 기운이 발걸음을 붙잡았기 때문이다. 벽에 걸린 성화들, 오래된 가구와 샹들리에, 닳아 반질거리는 계단과 카펫, 그리고 손때 묻은 난간까지. 이런 곳에서 하루만 묵어도 산티아고까지 갈 '성스러운' 힘이 가득 충전될 것 같다.

묵직한 주물 열쇠로 문을 열고 방에 들어갔다. 창밖으로 웅장해 보이는 성당의 스테인드글라스가 영험하게 반짝이고 방 한편에는 세월의 윤기를 머금은 고가구가 고혹한 자태로 앉아 있다. 하지만 무엇보다 우리 마음을 황홀하게 만든 것은 눈부시게 새하얀 침구였다. 오늘만큼은 침낭을 펼치지 않아도 되겠다고, 베드버그 걱정도 안 해도 되겠다고, 엄마가 소녀처럼 좋아한다.

문득 엄마 또래 아주머니들이 즐기고 있을 뽀송뽀송한 침대가 있는 패키지여행이나 휴양지 효도여행이 그려진다. 엄마도 한 번쯤은 그런 여행을 꿈꾸지 않았을까. 아들 생각해서 그러는지 몰라도 다행히 엄마는 지금이 훨씬 좋다고 흔쾌히 답한다. 호텔에서 숙박하면 뭐하고 패키지로 편한 여행 하면 뭐하냐고, 아들이 함께해 좋다고 추켜세운다. 그러면서 빳빳하게 풀 먹인 침대 위에서 내려올 생각을 않는 엄마를 보며 여러 생각이 든다. 나도 오늘만큼은 순례자보다 여행자가 되어 하룻밤의 호사를 마음껏 누리기로 한다. 우리 여행에서 최고로 화려한 밤이 되리라.

하지만 생각만큼 황홀한 밤은 아니었다. 산책하고 돌아오는 길에 발견한 귀하디귀한 버거킹에 앉았다가 평소에 하지 못했던 속 이야기를 다 꺼내놓고 만 것. 여행길 이야기는 물론이고 어렸을 때부터 지금까지 한 번도 드러내지 않았던 서운함을 왜 하필 가장 편할 수 있었던 오늘 밤에 다 털어놓았을까. 엄마도 내친김에 아들에게 못했던 이야기를 술술 쏟아냈다. 엄마, 아들은 버거킹이 문을 닫을 때까지 얼굴 벌게지도록 한참을 싸우다시피 이야기했다. 그나마 돌아온 숙소에 푹신한 침대가 기다리고 있는 게 다행이었다. 알베르게의 삐걱대는 2층 침대에 누웠다가는 마음 놓고 뒤척이지도 못했을 테니.

안락한 침대에 누워 늦게까지 생각에 잠겼다. 어떻게 보면 이 밤은 파라도르가 준 선물이 아닐까. 카미노가 아니었으면 맘속 응어리들을 뱉을 용기조차 없는 아들이니까. 엄마의 속 이야기를 귀담아들을 여유조차 없던 아들이니까.

아침, 눈이 한껏 부은 채로 일어나 다시 배낭을 멘다. 엄마의 복숭아뼈는 반창고를 붙이지 않아도 될 만큼 아물었고 내 설사병도 소강상태다. 사리 뱉어내듯 토한 응어리 속에 모든 아픔이 함께 묻어나간 것일까. 순탄하지 못했던 밤 덕분에 한결 순탄하게 걸을 수 있을 것 같다. ✿

10

초록 알베르게의
요가 수업

León
→ Hospital de Órbigo

레온부터 이어져 온 도시 분위기를 벗어난 작은 마을, 오스피탈 데 오르비고Hospital de Órbigo. 마을 초입에 있는 중세시대에 만들어진 긴 다리를 건너자 다시 진정한 순례길 위에 선 기분이다. 이렇게 한적한 시골 분위기야말로 내가 좋아하는 카미노의 모습이다. 이름이 'Albergue Verde'라는 이유로 고른 오늘의 숙소가 보인다(베르데는 스페인어로 초록이라는 뜻이다). 대문을 열고 마당에 들어갔더니 정말로 뜰 안에 초록이 가득하다.

해먹에 누워 책을 읽던 순례자가 2층의 응접실을 가르쳐준다. 그 옆에는 고양이 한 마리가 낮잠을 자고 있다. 티베트를 옮겨놓은 듯한 거실에는 분위기에 걸맞은 나른한 음악이 흐른다. 직접 재배한 채소들이 바구니에 담겨 요리되길 기다리고 있고, 주방에서 단내가 새어나온다. 조금 기다리니 주인장이 방금 구운 쿠키와 차를 들고 나타났다.

차 한 잔을 다 마시고 나니 사우나라도 한 것처럼 몸이 풀려 노곤해졌다. 주인장에게 5시에 마당에서 요가 강습이 있단 이야기를 들었지만, 눕고 싶은 마음이 간절해 침대로 기어들었다. 잠깐 눈을 붙였을까. 부산함에 눈을 떠보니 우리 둘만 빼고 모두 방을 나가고 있다. 나갈까 말까 꾸물대다가 엄마의 재촉에 마지못해 마당으로 내려가니 모두 잔디밭에 요가매트 하나씩을 깔고 누워 있다.

엄마와 나도 얼떨결에 초록 잔디 위에 누웠다. 주인장은 모두를 배려한 듯 아주 느린 영어로 호흡법부터 천천히 설명해주기 시작한다. 눈을 감고 길게 숨을 들이마신다. 다시 천천히 두 배의 시간을 들여 숨을 내뱉는다. 온 땅의 기운과 늦은 오후의 햇살이 온몸에 스민다. 어딘가에서 들려오던 소음도 사라지고 시간이 멈춘 듯하다. 주인장의 느린 영어가 바람을 타고 달콤한 귓속말처럼 파고든다.

여기, 지금만 생각하세요.
산티아고도 잊고, 미래도 잊고,
당신의 기대감도 잊어버리세요.

숨 쉬는 것에 모든 신경을 기울여보세요.
당신의 마음을 느껴보세요.
당신의 심장 박동을 느껴보세요.

하늘을 올려다보세요.
눈앞의 태양을 바라보세요.
태양은 실을 매달고 있는 것도 아닌데
저렇게 매일 두둥실 떠오르죠.

그리고 우리도,
이 넓은 우주에 둥실 떠서 잘 살아가고 있어요.
우리는 매일 기적 안에 살아가고 있답니다.

또 한 가지 기적이 뭔지 아세요?
우리가 초록 위에 누워 있는 동안
맛있는 저녁이 다 준비되었답니다.

11

나,
한국 가봤어

Hospital de Órbigo
→ Murias de Rechivaldo

칸타브리아 산맥[1]이 시작되는 한적한 마을 무리아스 데 레치발도Murias de Rechivaldo의 제일 구석진 알베르게. 친구로 보이는 50대의 아저씨 둘과 우리 둘, 달랑 넷이 손님의 전부다. 계속 비가 내리다 오랜만에 맑은 틈을 타 빨래를 널어놓고 오후 내내 테라스에 앉아 해바라기를 했다. 다들 낮잠 한숨씩 자고 일어나 저녁을 먹는다. 오늘 처음 만난 이들인데도 한나절 함께했단 이유로 가족처럼 둘러앉을 수 있는 게 여행의 묘미다. 언뜻 보면 스페인 시골의 소박한 가족 식사 같기도 한 풍경.

1
스페인 북부 지방에 위치한 산맥. 동쪽으로 피레네 산맥과
마주하며 이베리아 반도를 가로질러 뻗어 있다. 북쪽의
비스케이 만 방향으로는 급격한 경사지만 남쪽의 메세타
방향으로는 완만한 경사를 이룬다.

닭볶음탕을 닮은 스페인 치킨 요리를 먹으며 이야기를 나누다 보니, 오랜 친구인 줄 알았던 아저씨들도 어제 묵은 알베르게에서 처음 만난 사이라고. 자전거를 타고 순례하는 캐나다의 생물학 교수 찰스와 민머리에 수염만 기른 호주 출신의 디자이너 로버트. 근데 자전거를 탄 찰스와 걷는 로버트가 어떻게 다음 숙소에서 또 만날 수 있었을까. 듣자하니 찰스는 걷는 순례자들처럼 하루에 한 마을씩만 움직인단다. 점심때가 되기도 전에 도착해 낮부터 저녁까지 술을 마신다고. 부러운 순례자 생활이 아닐 수 없다. 갑자기 로버트가 화제를 돌린다.

"나, 한국에서 입양된 너랑 비슷한 나이의 조카가 있어."
"그래요? 내가 꼬맹이였던 즈음 우리나라가 해외입양을 제일 많이 보내는 나라였다는 거, 저도 알아요. 슬픈 이야기예요."
"그 조카한테 모국을 보여주고 싶어서 오래전에 온 가족이 함께 한국 여행을 했지. 서울은 굉장하더라."

로버트가 말을 더 잇기 전에 가로채듯 찰스가 이야기를 이어나간다.

"난 스물두 살 때 처음으로 유럽 배낭여행을 했어. 그리고 스물넷에 아시아를 돌았지. 그때 그러니까 1975년 1월, 한국에 한 달 동안 머물렀어."
"우와. 어땠어요? 우리나라는 하도 빨리 변해서 1970년대는 상상이 안 되네요."
"영어 할 줄 아는 사람들이 별로 없어서 좀 힘들었어. 그리고 서울 중심에 큰 강 있잖아. 이름이 뭐더라."
"한강이에요."
"응. 한강 다리 밑에서 천막치고 사는 사람들이 있었어. 한겨울인데도 말이야."
"와…… 지금 서울에 와 보면 깜짝 놀랄 거예요, 찰스."

"아참, 그리고 경주랑 대구도 갔었어."

"우와. 40년이 지났는데 지명이랑 세세한 모습을 다 기억해요?"

"응. 한국은 유독 잊히지 않아. 다시 한 번 여행하고 싶어."

"놀러 와요. 한국에도 제주올레라고 트레일이 하나 생겼어요. 섬을 한 바퀴 도는 건데, 바닷가 풍경이 정말 아름답거든요. 오면 제가 안내해 줄게요."

"그래. 메일 주소 좀 줘봐. 캐나다에 돌아가면 75년에 한국에서 찍은 사진을 보내줄게!"

"그럼 제가 같은 자리에서 같은 앵글로, 40년 후 서울의 모습을 찍어서 보내줄게요."

"와우! 좋은 딜인데?"

코끝 시린 밤. 옆 침대 찰스 아저씨의 초강력 쉰내와 더불어 나한테 설마 코 고느냐고 두 번을 물어봐 놓고 자기가 천둥 치듯 코를 골던 로버트 아저씨 때문에, 엄마도 나도 좀처럼 잠을 이루지 못하고 있다. 하지만 밤늦게까지 우리나라 이야기를 하며 얼굴에 홍조를 띠던 둘이니까, 반가운 마음에 그냥 조금 참아보기로 한다.

12

잠깐 멈추면
안 될까?

Murias de Rechivaldo
→ Focebadón

엄마를 위한다고 배낭 두 개를 메고 걷다가 발에 물집이 된통 잡혀버렸다. 양 새끼발가락에는 쌍둥이 물집이, 발바닥에는 핏물집이 잡혔다. 바늘에 실 꿰어 물집들에 바느질을 하고 나니 머리가 핑 돈다.

새벽에 우리가 출발할 때 코 골며 자고 있던 로버트 아저씨를 길 위에서 만나 앞으로 보냈다. 마주치는 바르마다 쉬어가는 찰스 아저씨도 우리를 앞질렀다. 사람들이 하나둘 우리를 지나칠 때마다, 남아 있던 전투력마저 몽땅 소진되는 것 같다. 지금쯤 힘이 빠져갈 엄마를 위한 기쁨조를 해도 모자랄 판국에 나조차 제대로 못 걷고 있으니 큰일이다. 태양이 정점을 찍으러 고도를 올리는 것과 함께 나의 한계점도 다가오고 있다. 거의 기진맥진해졌을 때 뜬금없이 STOP 표지판이 나타났다.

'아, 진짜 이제는 멈추라는 계시구나. 비상 상황을 대비해 적어둔 순례사

택시 번호가 어디 있더라. 엄마는 그냥 걸으시라고 하는 게 낫겠지?'

간판 앞에 다가서는데 누군가 써놓은 낙서가 눈에 들어온다.

LISTEN

TO

YOUR

SPIRIT

순례길 위에서 낙서와 마주칠 때마다 관광지 어디서나 볼 수 있는 치기 어린 사랑고백 따위로 치부해버리고 지나치던 내가 이 서툰 낙서 하나에 가 던 길을 멈췄다. 엄마도 덩달아 멈췄다.

'네 마음의 소리를 들어봐. 네 영혼에 귀 기울여봐.'

아무것도 아닌 한마디일 뿐이지만 어찌나 착 감기는지. 물집 잡힌 발가 락과 배낭에 짓눌린 어깨에 쏠려 있던 모든 신경들이 잊고 있던 내 마음으로 옮겨졌는지, 무언가 속에서 무턱대고 들끓기 시작한다. 그래 걷는 거다!

기적을 믿는 사람에게 기적을 보여준다 했던가. 걸음이 갑자기 가볍다. 사람 맘이 이렇게 간사하고 유약하며 천진하다. 살면서 마주치는 여러 형태의 STOP 표지판들도 잠깐 지나거나 다시 한 번 쳐다본다면, 처음과 다른 의미를 품고 있을지도 모르겠다. 어쩌면 지금 눈앞을 가로막고 있는 작은 고민도 또 다른 메시지일지도 모르고.

¡ANIMO!

금세 마주친 다른 낙서. 이번엔 더 반갑다.

"엄마! 저것 봐요. 우리 보고 아니모래. 내 이메일 주소가 아니모잖아."

"아니모가 '아니, 뭐~' 이런 뜻 아니었어?"

"아이고. 스페인어로 '힘내'라는 뜻이에요. 우리보고 힘내라고 누가 저렇게 써놓았나 봐요."

어느덧 농담할 여유도 생겼다. 더 가볍게 걷다가 낙서를 또 만났다. 이번엔 무지개 그림이다.

"이것 봐요. 또 좋은 징조야."

신나서 소리쳤다. 또 어떤 낙서가 날 위로할지. 엄마를 북돋울지, 걸음보다 눈이 앞서 길 위를 좇기 시작한다.

13

엄마가
사라졌다!

Murias de Rechivaldo
→ Focebadón

스페인 북부지방 여러 주를 어우르는 긴 산맥인 칸타브리아 산맥. 급격한 내리막과는 다르게 오르막 구간은 완만한 편이다. 평소대로라면 별 무리 없이 즐겁게 걸을 수 있을 코스. 엄마는 콧노래를 부를 만큼 컨디션이 좋아 보이지만 나는 아물지 않은 쌍둥이 물집 때문에 얼큰한 취객처럼 스텝이 엉킨다. 아니나 다를까, 산 중턱에 다다라서는 거의 고산병 환자 수준으로 기다시피 했다.

어쩔 수 없다. 산 정상에 있는 작은 알베르게에 묵기로 했다. 하지만 침대가 다 차서 결국 다락방에 매트리스 두 개만 간신히 놓았다. 그 좁은 다락에 우리만 묵을 줄 알았는데 잠시 후 프랑스 아저씨 한 명이 기침을 하면서 올라왔다. 거참, 소리가 걸쭉하다.

어쩐지 엄마는 이때부터 기분이 좋지 않은 듯싶었다. 아저씨가 하얀 팬

티만 입은 채 우리 앞을 지나 샤워실에 갈 때도, 거기에서 쉰 목소리로 꿱꿱 소리를 질러댈 때도 엄마는 심통 난 마지심슨 같은 표정으로 매트리스에 앉아 있었다. 그가 소리 지른 이유가 샤워실 창밖으로 보이는 소와 염소, 말, 개와 고양이가 뛰어노는 비현실적 목가적 풍경 때문임을 알고 나서도, 못마땅한 표정은 풀리지 않았다. 나는 마음이 불안해졌다.

산중의 밤은 더 빨리 찾아온다. 오랜만에 산길을 걸어서인지 엄마와 나는 일찍 잠들었다. 프랑스 아저씨의 기침 소리에 잠에서 깬 건 아마도 새벽 두세 시쯤. 목이 칼칼해 물을 한 모금 마시고 엄마 쪽을 돌아보니 달빛이 살짝 매트리스를 비추고 있다. 아니, 매트리스'만' 비추고 있다.

엄마가 없다. 없어졌다! 다시 눈을 비비고 본다. 역시나 없다. 혹시 화장실에 갔을까. 하지만 화장실 불도 꺼진 채다. 심장이 빨리 뛰기 시작했다. 잠이 확 깼다. 식은땀도 흘렸다. 엄마가 대체 어딜 간 거지?

혹시나 해서 화장실까지 직접 둘러보았지만 역시나 없다. 귀신에 홀린 것 같아 정신을 차리려고 눈을 껌벅여본다. 이 일을 어쩌나. 역시 저 아저씨 때문에 불편해서 나가셨나. 하지만 어디 붙잡혀가도 모를 한밤중의 적막뿐인 산중인데 어딜 갔단 말인가. 야속한 아저씨는 쌕쌕거리며 아주 깊이 자고 있다. 어쩌지도 못하고 애꿎은 엄마의 빈 매트리스만 다시 쳐다본다.

아, 다시 보니 엄마가 있다! 대체 무슨 일이란 말인가. 푹 꺼진 매트리스 사이로 엄마가 살포시 솟아오르는 것이다. 맥이 풀린다. 메모리폼 베개처럼 푹 주저앉고 마는 싸구려 매트리스 네 녀석이 범인이구나. 곤히 자는 엄마를 깨워 투덜댈 수도 없는 노릇이다. 허탈함에 혼자 가슴을 쓸어내린다.

잠들지 못한 채 매트리스에 파묻혀 안 보일 정도로 작은 엄마를 생각한다. 이렇게나 작은 엄마가 없는 세상도 상상해본다. 조금 전의 아득함이 다시 찾아온다. 매일 마주치는 수많은 순례자 묘비를 지날 때마다 소멸에 대해 내내 이야기를 나눴음에도, 소멸도 삶의 아름다운 일부라는 이상적인 결론

을 다섯 번쯤 내려놓고도, 나는 벌써 언제일지 모를 그녀의 소멸을 두려워하고 있다. 아침에 엄마가 일어나면 '이 길 위에서 죽어도 여한이 없겠다'던 농담마저 취소하라고 으름장을 놓아야겠다. 밤이 깊을수록 매트리스 속 그녀 못지않게 나 또한 한없이 작아졌다. (나도 드물게 깨닫지만) 이런 게 부모를 보는 자식 마음이란 걸, 엄마가 아는지 모르겠다. 🌸

14

엄마의
엄마

Foncebadón
→ Ponferrada

새벽에 일어나 차 한 잔 마시려고 알베르게 부엌에 들어서는데, 잔잔한
연주곡이 흘러나왔다. 티베트 어느 산간지방에서 전통 악기로 연주할 법한
애잔한 선율이다. 그런데 엄마가 따라 흥얼거린다.

"엄마 이 노래 알아요?"

"응. 이거 유명한 팝송인데. 우리말로도 번안되었어."

"무슨 노랜데?"

"'Mother of mine'이라고, 엄마에 대한 노래야. 그러고 보니 우리 엄
마 보고 싶다."

"그러게. 우리가 이 길을 걷는 거 보셨으면 뭐라고 하셨을까."

"살아계셨으면 아마 따라나선다고 짐부터 싸셨을 거야. 그치?"

"맞아요, 맞아. 나도 외할머니 보고 싶다."

　엄마의 엄마는 말 그대로 유별난 엄마였다. 보건소장으로 근무하면서 가족정책을 특별히 담당하셨던 외할머니. 파킨슨병으로 누울 때까지 늘 정력적으로 대외활동을 한 건강 전도사이기도 했던 외할머니는 병상에 누워서까지 공책 한 권 가득 삐뚤어진 글씨로 '첫째는 건강이다'를 적어놓고 우리 곁을 떠나셨다. 누구보다 더 오래 건강하실 것 같던 분이 그렇게 떠났기에, 우리 가족은 건강이라는 단어를 보물 삼아 살아가고 있다. 외할머니가 남겨준 가장 큰 선물이라고 생각하면서.

　그렇게 엄마의 엄마는 돌아가신 지 10년이 되었는데도 아직도 우리 곁에 계신 것만 같다. 카미노에서도 남자들보다 더 씩씩하게 큰 배낭 짊어지고 걷는 할머니들을 볼 때마다 외할머니가 떠오른다.

　오늘은 자기 전에 엄마의 엄마를 생각하며 기도한다. 막내딸과 손자를 응원하고 있을 그녀를 위해, 엄마를 그리워할 우리 엄마를 위해, 맘속으로 노래를 불러본다. ◌

Mother of Mine

-Jimmy Osmond

Mother of mine, you gave to me
All of my life to do as I please
I owe everything I have to you
Mother, sweet mother of mine

Mother of mine, when I was young
You showed me the right way
Things should be done
Without your love, where would I be
Mother, sweet mother of mine

Mother, you gave me happiness
Much more than words can say
I prayed the Lord that he may bless you
Every night and every day

Mother of mine, now I am grown
And I can walk straight all on my own
I'd like to give you what you gave to me
Mother, sweet mother of mine

엄마,
당신은 내가 좋아하는 대로 살도록
나의 모든 삶을 허락해주셨죠.
내가 가진 이 모든 것은 다 엄마 덕분이에요.
엄마, 사랑하는 우리 엄마.

엄마, 당신은 내가 어렸을 때
나에게 가야 할 올바른 길을 보여주셨죠.
당신의 사랑이 없었더라면 나는 어떻게 되었을까요.
엄마, 사랑하는 우리 엄마.

엄마는 말로 표현할 수 없을 만큼의 행복을
나에게 주셨어요.
난 매일 엄마를 위해 기도해요.

엄마, 저는 이제 다 큰 어른이 되었고
혼자서도 똑바로 걸을 수 있어요.
이제 엄마가 내게 준 것을
돌려드리고 싶어요.
엄마, 사랑하는 우리 엄마.

15

산티아고까지
200킬로미터

———————————

Foncebadón
→ Ponferrada

칸타브리아 산맥 정상에는 돌무더기 위로 높은 철 십자가가 세워져 있다. 고향에서 가져온 돌을 올려놓으면 자신의 업보로부터 해방된다는 전설이 내려오는데, 돌이 업보만큼 무거워야 한단다. 보통은 소원이나 기억하고 싶은 이들과의 사연을 담아 많이들 돌을 놓고 간다. 지난번 만난 로버트 아저씨는 실크 주머니에 꽁꽁 싼 새끼손톱만 한 돌을 보물 자랑하듯 보여주곤 했을 정도로, 철 십자가는 카미노를 걷는 이들에게 큰 의미가 된다.

밤늦은 시간, 우리도 내일을 위해 가져온 돌을 꺼내서 소원을 적었다. 그런데 돌이 하나 남았다. 낙서를 할까 그림을 그릴까 고민하다가, 간신히 와이파이를 잡아 트위터에 글을 하나 올렸다. 정말 중요한 소원이 있으면 나한테 귀띔해주라고, 제일 먼저 말한 사람의 소원을 돌에 적겠다는 글이었다.

금세 쪽지가 하나 도착했다. 〈GQ KOREA〉의 편집장이자 〈엄마는 어쩌면 그렇게〉를 쓴 충걸 형이었다.

"대한아. 혹시 여분의 돌이 있다면 이렇게 적어줘. '우리 엄마가 더 약해지지 않도록 돌보아주세요.' 라고. 나도 우리 대한이와 대한 어머니의 남은 산티아고 길에 성 야고보의 은총이 함께하길 기도할게."

아침, 아직 어둠이 가시지 않은 길을 걷는다. 안개가 자욱해 멀리 바르에서 흘러나오는 빛이 꿈결처럼 퍼진다. 마을을 벗어나자 그마저도 사라진다. 헤드랜턴의 불빛에 의지해서 아주 느리게 걷는다. 철 십자가 앞에서 일출을 볼 요량이었지만 자욱하게 낀 안개 때문에 그러지 못하리라. 평소였으면 툴툴거렸을 이 어둠과 축축한 안개가 오늘만은 감사하다. 태양이 훤하게 떠올랐다면 마음도 붕 떠올랐을 테니까. 차분하게, 오랜만에 순례자의 마음으로 돌아가 묵묵히 걷는다.

안개 사이로 철 십자가가 보인다. 평소 같으면 경주하듯 앞으로 내리달렸을 체력 좋은 아저씨들이 모두 배낭을 내려놓은 채 가만히 서 있다. 근육질의 마초 아저씨조차 돌을 내려놓고 돌아서며 눈물을 흘린다. 모두 눈가가 촉촉한 채 발걸음을 떼지 못하고 돌무더기 앞에 섰다.

엄마와 나도 누군가의 소원들이기도 한 돌무더기가 무너질까 봐 조심스레 밟으며 철 십자가까지 올라갔다. 소원이 적힌 돌들과 그리운 이들의 사진들이 한데 섞여 장관이다. 먼저 세상을 떠나간 누군가의 친구, 아이, 어머니, 아버지의 사진들이 눈에 담긴다. 모든 사연에 마음이 먹먹해져 나와 엄마도 돌무더기 위에 한참을 머물렀다.

뒤이어 당도할 수많은 순례자에게 우리와 충걸 형의 기도를 맡긴 채 다시 발걸음을 재촉한다. 까마득한 안갯속으로 몸을 던진다. 어딘가 홀가분하다. 조금씩 발걸음이 가벼워진다.

이제 산티아고까지, 200킬로미터가 남았다.

16

다시
천사를 만나다

Ponferrada
→ Villafranca del Bierzo

폰페라다Ponferrada에서 카카벨로스Cacabelos까지 포도밭이 계속 이어진다. 알알이 영근 포도송이들이 탐스럽다. 서리라도 하고 싶은 마음을 애써 참는데 한창 수확 중인 한 가족이 먼저 손을 흔든다. 이렇게 고마울 데가. 결국 포도 한 송이를 받아들고 세뱃돈 받은 아이처럼 껑충거리며 신나게 걸었다.

포도의 힘으로 금세 오늘의 목적지인 비야프랑카 델 비에르소Villafranca del Bierzo에 다다랐다. 굽이치는 강 사이로 양쪽 언덕에 자리 잡은 아름다운 마을. 하지만 전염병과 홍수, 나폴레옹의 약탈 등으로 여러 번 폐허가 되었다는 가이드북의 이야기를 떠올리니 아무 일도 없는 듯 흐르는 강물이 무심해 보인다.

다리를 건너는데 뒤에서 요즘 매일 마주치는 여자애 둘이 걸어온다. 다리 길이가 우리의 두 배는 되어 보이는 그녀들. 매일 늦게 일어나고 바르에서 몇 시간씩 머무는 것 같은데 긴 다리 덕분인지 항상 우리를 앞지른다. 이 마을에는 알베르게가 하나뿐이다. 좋은 자리를 빼앗길 순 없지. 급한 마음에

엄마보다 앞서 후다닥 경보하듯 걷는다. 생각보다 복잡한 길을 굽이굽이 돌아 간발의 차이로 여자애들보다 내가 먼저 도착했다.

회심의 미소를 한 번 지어주고 신발을 벗는데 엄마가 안 들어온다. 접수하고 뒤를 돌아봤는데도 도착할 기미가 없다. 맙소사. 엄마한테 알베르게 이름조차 가르쳐주지 않았단 걸 깨달았다. 등산화 끈을 묶을 새도 없이 양말만 신은 채로 거리로 나섰다. 저 멀리 골목 끝에 엄마의 자주색 옷자락이 보인다. 거기까지 한걸음에 달린다.

"엄마 미안해. 치사할 만큼 다리 긴 여자애들한테 지기 싫어서 막 걸었어."

"너 경보대회라도 나간 것 같더라. 너는 안 보이고 이쪽에도, 저쪽에도 노란 화살표가 있는 거야. 어디로 가야 할지 헤매고 있는데 놀라운 게 뭔지 알아?"

"뭔데?"

"누가 우리말로 '어디 가세요?'라고 물어보는 거야. 한국 사람이구나 싶어서 돌아봤는데 외국 여자애잖아. 놀라서 한국말 할 줄 아느냐고 물어봤더니 웃으면서 알베르게 방향만 가르쳐주고 갔어."

"그냥 가버렸어?"

"응. 이 마을에 사나 봐. 신기하지? 누가 나한테 또 다른 천사를 보내준 것 같았다니까."

엄마는 다시 한 번 갈림길에 서서 천사가 나타났던 골목과 사라진 자리를 손가락으로 가리키며 상세히 설명했다. 평생 다시 만나긴 힘들 인연이라 더 고마웠으리라.

저녁을 먹고 숙소에 들어섰다. 2층 침대가 세 개 놓인 작은 방이다. 아까는 비어 있던 앞 침대에 여자애 둘이 앉아 수다를 떨고 있다. 그러다가 우리를 보고 비명을 지른다. 엄마의 천사가 바로 앞 침대의 그녀였던 것이다.

천사의 정체는 멕시코계 미국인 아나이스. 멕시코에서 막 대학에 들어간 그녀의 사촌 동생 이레이스와 함께다. 고맙다는 인사를 몇 번이나 하고서야 어떻게 한국어를 하는지, 우리말로 물어봤다.

"수원에서 중학교 영어 강사를 했어. 주말에는 홍대에서 놀았고, 하하."

"우와. 홍대 길거리에서 마주쳤을지도 모르겠는데?"

"맞아. 한 세 번쯤?"

통역이 필요 없으니 엄마도 처음으로 외국인과 끊임없이 이야기를 나눈다. 나는 디자인을 전공한다는 이레이스와 스케치북을 바꿔 구경하기 시작했다. 반대편 침대에 누워 있던 흰머리의 페기 할머니가 재미있는지 멀뚱히 지켜본다. 오랜만에 조카라도 만난 듯, 엄마는 평소보다 늦게까지 잠들지 못했다. ◌

17   카미노 생활자

Ponferrada
→ Villafranca del Bierzo

가을의 카미노 한복판에서 그를 다시 만났다. 다섯 달 만에. 처음 만난 카스트로헤리스Castrojeriz에서 한참이나 떨어진 이곳에서 우연히. 봄과 별로 달라진 것이 없는 행색의 그였으니 한눈에 알아본 건 당연했다.

그는 개를 데리고 길을 걷는 순례자다. 그리고 순례자 이전에 구걸하는 사람, 아니 반대로 구걸하는 사람 이전에 순례자일지도 모른다. 그가 누구인 건 중요하지 않다. 불쑥 알베르게에 들어와 커피 한 잔 얻어 마시고선, 배낭에서 꺼낸 낡은 라디오를 틀어 영화 〈졸업〉의 명곡이자 사이먼 앤드 가펑클Simon And Garfunkel이 부른 'The Sound of Silence' 같은 팝송을 들려주는 낭만적인 사람이었으니까. 데리고 다니는 개 역시 사람을 잘 따르는 귀여운 녀석이다. 좀 꼬질꼬질하지만 천성이 밝은 녀석을 싫어할 만한 이유가 되지는 못했다.

그와 그의 개를 저녁 미사 드리러 간 성당 입구에서 다시 만난 것이다.
반년 간 멈춰있던 우리의 여정에서, 하루만 엇갈려도 쏜살같이 산티아고를
향해 사라져버리는 순례자들 틈에서, 봄의 잔상을 찾은 게 당황스러워 그 자
리에 멈춰 서고 말았다. 그는 모르겠지만 혼자 반가움에 못 이겨 동전 몇 닢
넣어주고 "부엔 카미노"를 외치고 돌아섰다. 그가 산티아고 데 콤포스텔라
를 찍고 돌아와 다시 처음부터 걷고 있는 것인지, 아니면 마을마다 며칠씩
묵으며 느리게 걸어서 이제야 여기까지 온 건지는 모르지만, '카미노 생활자'
임은 분명해 보였다.

늦은 밤, 잠든 내 침대 머리맡으로 영진과 애순이 아줌마, 요시오 상이
나타났다. 봄의 응원군들은 마치 지금도 함께인 것처럼 생생했고, 잠결에도
행복해 미소가 나왔다.

우리가 다시 이 길을 걷게 된다면 그때도 여전히 '카미노 생활자'를 보게 되기를 바란다. 지나온 시간을 한꺼번에 불러내는, 그의 고마운 마술을 다시 한 번 보고 싶다.

18

귤 한 쪽도
나눠 먹다

Ponferrada
→Villafranca del Bierzo

간식을 사러 들른 가게에서 바구니에 담긴 귤을 발견했다. 엄마와 귤 까 먹으며 걷던 제주올레가 생각나 얼른 한 바구니를 샀다. 동일주 버스에서 귤을 나눠주던 기사님을 비롯한 제주도의 후한 인심 이야기를 하다가, 맥주 한 잔 시키면 근사한 타파스 한 접시가 따라 나오는 이곳 스페인의 시골 인심도 제주 못지않다며 웃었다.

비가 그친 기념으로 사진 한 장 찍으려고 잠깐 멈췄다. 뒤에서 숨을 헐떡이며 걸어오던 흰 단발머리 할머니가, 엄마랑 같이 찍어주겠다며 카메라를 받아든다. 고맙다는 인사를 건네고 나서 엎어진 김에 잠시 쉬었다. 얼마 지나지 않아 오르막에서 할머니를 다시 만났는데 무척 힘든 표정이었다. 미안한 마음으로 그녀를 지나쳤다. 언덕을 거의 다 올랐을 때 서서 귤을 까먹다 엄마가 이야기를 꺼냈다.

"아까 그 할머니 잘 올라오실지 모르겠다. 내 스틱 한 쪽 빌려드릴 걸 그랬나 봐."

"아이고, 엄마 걱정이나 하세요."

"귤 까놓은 거, 그 흰머리 할머니 오면 입에다 넣어드리고 가자."

인기척이 나서 내려다봤더니 머리 둘이 올라온다. 할머니가 아니라 처음 보는 얼굴들이다. 머쓱해져 돌아오려다가 입에 반쪽씩 귤을 넣어줬다. 힘들어 찡그렸던 표정들이 순식간에 풀리면서 고맙다는 말을 세 번이나 하고 지나간다.

우리의 그녀가 올 기미는 보이지 않는다. 게다가 하필이면 못 보던 얼굴들만 자꾸 언덕을 올라온다. 그래도 계속 귤 배달을 한다. 이사 와서 이웃집에 시루떡 돌리듯, 엄마가 까놓은 귤을 올라오는 모든 사람의 입에 넣어줬다.

귤이 하나 남았을 때, 흰머리가 언덕 끝에 아른거린다. 반가운 마음에 귤을 들고 달려가 곧바로 할머니 입에 넣어줬다. '힘내세요'라는 한 마디까지 덧붙이고 그제야 다시 출발할 수 있었다.

이튿날, 이른 점심을 먹으러 들어간 식당에서 그녀가 우리를 보자마자 한걸음에 달려왔다.

"어제 네가 입에 넣어준 귤 하나가 내 목숨을 살렸어! 정말 그 언덕에서 포기하고 싶었는데, 귤 먹고 힘내서 여기까지 걸어온 거야."

이야기를 마치자마자 할머니가 손자를 안아주듯 나를, 그리고 옆에 있던 엄마까지 차례대로 안아준다. 아주 작은 마음이 따뜻한 등 두들김으로 돌아왔다. 우리도 이 포옹 한 번에 기운을 내서 또다시 길 위에 오른다. ◌

어느 '나이롱 신자'의 기도

19

Villafranca del Bierzo
→ Herrerias

토요일 저녁의 알베르게. 미사 시간이 한 시간 넘게 남아서 저녁을 먼저 먹기로 했는데 하필 들어간 식당에 사람이 많아 한참을 기다렸다. 겨우 샐러드만 먹었을 때 멀리서 성당 종소리가 들렸다. 금방이라도 문을 걸어 잠글 태세로 땡땡 울려댄다. 막 나온 생선구이를 먹으려던 엄마가 포크를 내려놓았다.

"미사가 지금 시작하나 봐."

"엄마. 미사가 시작한다고 쳐요. 근데 지금 우리가 먹고 있는 이 빵도 성체고 이 포도주도 성혈인 거 아니야? 순례길 위에서 밥 잘 먹고 잠 잘 자는 것이야말로 제일 큰 기도일지도 몰라요. 미사 간다고 급하게 먹다 체해서 며칠 누워 있는 것보다 든든하게 잘 챙겨 먹고 힘차게 걷는 걸 하늘에서 더 좋아하실걸!"

"그래도 성당 열려 있는 이런 큰 마을에서나 토요일 특전미사로 주일미
사를 챙기지. 아까 지도 보니까 내일 가는 마을은 하도 작아서 성당도
없겠더라."

결국 후식으로 나온 요구르트를 호주머니에 챙겨 넣고서, 성당으로 달리
다시피 가는 엄마의 뒤꽁무니를 쫓아갔다. 미사가 시작된 성당 맨 뒤에 조심
히 앉아서 안도의 한숨을 쉬며 성호를 긋는데 미사를 마치는 파견 성가가 흐
르더니 신부님이 퇴장한다. 성당에 들어간 지 5분 만의 일이었다. 엄마의 입
이 비죽 튀어나오는 걸 애써 모른 체 했다.

일요일 새벽. 동트기 전부터 걷기 시작했는데 아무리 가도 카미노의 절
경 중 하나라는 롤랑의 바위Peña de Roldán로 오르는 샛길이 보이지 않는다. 어
제 묵은 알베르게 직전 엄마가 헤맨 곳이 그 갈림길이란 걸 뒤늦게 알았다.
돌아가기엔 걸어온 거리가 너무 길다. 아쉽지만 고속도로 옆으로 난 우회 길

을 한나절 말없이 걸었다.

점심을 먹어도 기운이 안 난다. 터덜터덜 오늘 목적지인 에레리아스Her-rerias의 바로 전 마을인 베가 데 발카르세Vega de Valcarce를 지나고 있을 때, 흙이 잔뜩 묻은 차 한 대가 지나가다 조금 앞에 멈춘다. 창문이 열리고 로만 칼라의 신부님이 고개를 내밀더니 우리 앞에 걷고 있던 할머니를 태우고는 다시 출발한다. 조금 지나지 않아 작은 성당 하나가 나타났다. 아마도 신부님이 상주하지 않는 공소일 테다. 그때 미사 시작을 알리는 종소리가 어제만큼 우렁차게 울린다.

1
중세 유럽의 최대 서사시 '롤랑의 노래'에 등장하는
영웅이자 중세 프랑크 왕국의 기사인 롤랑. 순례길 곳곳에
그와 관련된 흔적들이 남아 있다. 이 바위 위로 롤랑과
그의 식구들이 지나갔다고 한다.

"지금 여기서 미사하나 봐! 신기해라. 우리 어제 못 드렸다고 이렇게 챙겨주시나 봐."

"그러게. 신기하네. 근데 엄마, 성당은 어제 갔잖아요~."

하지만 말이 끝나기도 전에 엄마는 이미 성당 안으로 들어가고 없다. 아무렴 아들은 엄마를 이길 재간이 없다. 그리고 이런 우연은 나 같은 '나이롱 신자'도 반가운 마음으로 성당 문을 열게 한다. 어제 엄마한테 툴툴거린 게 이 미사 한 번으로 다 녹아내린다면 숙소에 조금 늦게 도착한다 한들 그게 무슨 대수랴. 이런 날에는 군말 안 하고 조용히 두 손 모아 기도하는 착한 아들이 되어봐도 나쁘지 않을 테다. ☺

20

어둠 속을 걷다

Herrerias
→ Fonfria

1. 2002년 여름, 제주.

여름밤, 제주도 비자림 한가운데, 중학생인 내가 어둠 속에서 숲을 걷고 있다. 보이스카우트에서 담력훈련을 할 때 소복 입은 귀신들이 뛰어다니던 그 밤과 같은 농도의 어둠. 어디선가 또 무언가가 튀어나올까 봐 마음을 졸이다가, 어느새 조금씩 어둠에 적응해간다. 평소에 인지하지 못하던 바람 소리, 풀벌레 소리와 함께 나무들의 뒤척임까지도 느껴진다. 나무뿌리에 걸터앉아 숨소리도 죽인 채 밤의 이야기에 귀를 기울여본다. 그 밤, 어둠에 대한 개념이 조금 달라졌다.

2. 2011년 겨울, 서울.

취침시간이 지난 야밤, 한강변의 교향악단 부대. 생활관과 떨어져 있는 행정실 건물에 각각 보직이 바이올린, 비올라, 첼로 연주병사인 생활관 동기 셋이 모여 있다. 빈 캔버스 하나와 악기 두 대, 바이올린과 첼로를 각각 손에 든 채로. 불빛이 새어나가 들킬까 봐 스위치를 내린다. 암전. 마냥 앉아 있다 가 하나가 바이올린을 연주하기 시작한다. 비탈리의 샤콘느. 음정이 정확하 지는 않지만, 충분히 아름답다.

비올라 // 야, 넌 불 끈 채로 연주해본 적 있어? 지금 빼고.
바이올린 // 아니. 그런다고 CD 듣는 거랑 뭐가 달라?
비올라 // 달라. 완전히 달라. 온몸의 세포가 같이 울리잖아.
바이올린 // 에이…….
첼로 // 보면서 들을 때는 표정이나 몸짓 때문에 정작 소리에 집중하지 못하잖아. 어둠 속 에서 듣는 건 눈 감고 듣는 거랑도 다른 거 같아. 진짜 막 뭐가 울리긴 해.
바이올린 // 울리긴 뭐가 울려?
비올라 // 에이 연주하는 사람은 몰라. 그 울림, 내가 한 번 켜볼까?
바이올린, 첼로 // 됐거든!

3. 2013년 가을, 스페인.

작은 마을 에레리아스 Herrerias에서 라 파바 La Faba로 넘어가는 날. 밤새 작 은 알베르게를 점령하다시피 떠들썩했던 스위스 고등학생 무리에 질려, 해 뜰 기미도 보이지 않는 꼭두새벽에 길을 나서버렸다. 역시나 오늘도 비가 온 다. 가을의 산티아고는 긴 장마 속에 있는 듯 비가 많이 온다. 마을을 벗어나 자마자 아스팔트 길이 끊어지더니 어둠이 가득하다. 헤드랜턴을 꺼냈는데도 별반 다르지 않다. 오히려 나무줄기에 그림자가 드리워져 기괴한 풍경만을 만들 뿐. 조금 걷다가 꺼버리고 말았다.

동이 트기 전의 산중은 CMYK 색상표의 K95 정도의 짙은 검정이다. 혹 여 길이라도 잃을까 걱정돼 조금 돌아가는 자전거 길을 택해서 천천히 걷는 다. 엄마에게 완전한 어둠 속에서 들었던 샤콘느 이야기를 꺼냈다. 군악대를 지낸 내가 2011년 겨울, 어둠 속에서 비올라를 켤 수밖에 없었던 이야기를.

"지금도 그때만큼 깜깜한 거 아니야? 너 얼굴도 안 보이니까. 연주 대신 노래라도 불러봐, 아들."

아무도 없는 새벽의 산중에서 천천히 노래를 불렀다. 숲을 깨우지 않을 정도의 작은 목소리로. 이제 어둠 속을 걷는 게 더는 두렵지 않다는 사실을 알게 되었다. 빛이 사라진 뒤에야 온갖 감각들이 날 서기 시작하므로. 볼 때보다 더 아름답게 만개하는 꽃의 향기와 나뭇잎의 촉감, 숲의 소리까지, 나는 어둠을 통해 비로소 숲을 느끼고 있다.

또한 곧 사라질 어둠이다. 이 새까만 어둠 뒤에 빛나는 무언가가 분명히 우리를 기다리고 있다. 저 멀리, 해가 뜰 준비를 하고 있다. 🐚

LA FABA

21

호두 한 알의
힘

Fonfria
→ Samos

아침부터 폭풍이 거세다. 해가 뜰 기미도 없이 비바람만 몰아친다. 엄마와 고민을 하다가 도리어 빨리 출발해 다음 목적지에 일찍 도착하는 게 좋겠다고 결정을 내렸다. 판초 우의와 스패츠로 무장하고 알베르게를 나선다. 비가 그치길 기다리는 사람들이 우리의 건투를 빌어준다.

몇 발짝이나 걸었을까. 바람이 하도 세차서 판초 우의조차 소용이 없다. 물에 빠진 생쥐 꼴을 하고 조심스럽게 산길을 내려간다. 간간이 엄마의 비명이 들린다. "엄마 괜찮아?"를 외쳐도 빗소리에 묻혀 전해지지 않는다. 같이 출발한 몇몇 순례자가 시야에서 사라진 지도 이미 오래. 비 때문에 찾기 힘든 카미노 화살표도 두세 번 정확하게 확인한 후에야 발걸음을 옮긴다. 엄마와 빗소리를 뚫는 큰 목소리로 이야기를 주고받으며 저 멀리 보이는 누군가의 뒷모습을 따라 걸었다.

　어렵사리 산에서 내려와 바르에서 우유가 듬뿍 들어간 카페 콘 레체 한 잔을 들이켜고 다시 힘을 얻어 걷다 보니, 갈림길이 나온다. 짧은 길인 산 힐 San Xil 구간을 포기하고 6킬로미터를 더 걸어도 이왕이면 수도원이 있는 마을인 사모스Samos를 거쳐 가기로 했다. 도로가 나오고 들판이 이어진다. 험한 산길을 지나온 터라 평지가 반갑다.

　그런데 아뿔싸. 들길이 온통 소똥 밭이다. 카미노에서 심심찮게 만나는 소똥이지만 쏟아진 비가 헤집어둔 탓에 피할 데 없이 그냥 길 자체가 지뢰다. 신발을 반쯤 포기한 상태로 척척 밟으며 걷는다.

　얼마 지나지 않아 호두나무들이 보인다. 폭풍으로 떨어진 탐스러운 호두가 똥 밭에 가득하다. 그림의 떡 같아서 쳐다만 보고 있는데, 그 사이 엄마는 요리조리 돌아다니면서 돌 위나 나뭇잎 위에 떨어져서 때 묻지 않은 호두들로 한 줌을 만들었다.

　길 따라 걷기만 해도 사과, 포도, 산딸기, 밤을 두루 채취(?)할 수 있는 은혜로운 카미노지만 호두는 처음이다. 돌로 깨서 한 조각 입에 넣었더니 이거야말로 천국의 맛이다. 먹어본 중에 제일 고소한 호두다. 똥 밭에서 구한 귀한 거라 그렇다며 엄마도 맛에 감탄한다.

　나도 용케 똥을 피한 호두를 몇 알 주워 호주머니에 넣었다. 달랑 한 알 먹었을 뿐인데 기분이 좋아지고 초콜릿이라도 먹은 것처럼 금세 힘이 솟는다. 엄마는 판초 우의 배에 난 주머니에 캥거루같이 계속 채워넣는다. 호두를 찾아 걷다 문득 고개를 들어보니 어느새 수도원 마을 사모스 초입이다. 이렇게 금방 도착할 줄이야. 자기 전에 내일 나설 길에도 호두나무가 있기를 기도 좀 해야겠다. ☺

22

반짝반짝
변주곡

Samos
→ Sarria

어렵게 도착한 수도원 마을 사모스가 을씨년스럽다는 이유로 조금 더 걸어 산 마메드 도 카미노San Mamede do Camiño에 도착했다. 순례자 대부분은 지나쳐갈 만한 작은 마을이다. 넓은 마당이 있는 알베르게에 짐을 풀었다. 노부부가 운영하고 젊은 딸과 사위, 두 외손녀가 함께 지내고 있는 예쁜 곳이다. 스페인 시골 마을의 대가족 집에 초대받은 것처럼 마음이 풍성해진다. 알베르게 이름도 재미있다. 이 집 할머니와 할아버지 이름을 딴 'Paloma y Leña'. 우리 외할머니 외할아버지로 치면 '문희와 용구'쯤 되겠다며 엄마랑 낄낄댔다.

저녁 식사를 마치고 열 명 남짓한 순례자들이 벽난로를 피워놓은 거실로 옹기종기 모여들었다. 다들 약속이라도 한 듯 책 한 권씩 꺼내 들고 자기만의 시간에 빠져든다. 나는 바로 옆에 놓인 오디오에 마이클 부블레Michael

Bublé 음반을 틀고, 난로 옆에 앉아 엄마와 차를 한 잔 마신다. 창밖에 눈이 내린다면 크리스마스이브라고 해도 좋을 것 같은 따뜻한 풍경이다. 나른함이 몰려와 살짝 졸았다.

밖이 시끄러워 눈을 뜨니 연주가 아니라 두드림에 가까운 피아노 소리가 들린다. 복도에 나가 보니 갈색 업라이트 피아노가 놓여 있고, 이 집 손녀로 보이는 소녀 둘이 앉아 불협화음을 만들어내고 있다. 이왕이면 불협화음보다는 노래가 나을 것 같아 고민하다가 스페인어 수업 때 배워 유일하게 아는 스페인어 동요, '반짝반짝 작은 별'을 불렀다. 아이들에게 '도도 솔솔 라라 솔'만 가르쳐놓고 내가 왼손으로 화음을 넣으면서 같이 노래했다. 유치원에서라도 배운 걸까. 새처럼 재잘대던 작은 목소리로 잘도 따라 부른다. 단, 음정 박자는 조금씩 다르게.

소리를 듣고 팔로마 할머니가 뛰어 나와 손뼉을 치고 난리가 났다. 나보고 손녀한테 피아노를 가르쳐줬으니 선생님이란다. 온 가족들 앞에서 아이들과 변주곡을 부르고서야 피아노 곁을 떠날 수 있었다. 작은 합주회를 한 셈이다.

뿌듯하게 보던 엄마가 슬쩍 이야기를 꺼낸다.

"아들, 너 아빠 닮았나 봐. 아기들이랑 놀아주는 거 보니까."
"아빠가 유별나게 애들을 잘 돌보는 거죠. 온 동네 꼬맹이들을 우리 집에 다 부르니까. 나는 애들 빽빽거리는 거 싫어요, 싫어~."
"그래놓고 길 위에서 애들 사진만 그렇게 찍니? 너 얼른 결혼해서 애 낳아봐라, 그런 소리 하나 보자."

잠깐, 이거 어쩐지 너무 많이 본 풍경 같다.
귀여운 아기를 발견한다 → 예뻐서 사진을 찍는다 → 엄마가 결혼할 때가 된 거라며 결혼 이야기를 꺼낸다 → 벌써 무슨 결혼이냐며 티격태격한다. 카미노에서 무한 반복한 우리의 사소한 그리고 끝나지 않을 옥신각신. 아마도 한국으로 돌아간다고 해도 변하지 않을, 엄마와 아들의 네버엔딩 스토리이다.

23

배낭이
사라졌다!

Sarria
→ Portomarin

오늘 걸어야 할 거리는 35킬로미터. 그전에는 묵을 수 있는 마을이 없다. 하필이면 어제 비를 맞으며 걸은 여파인지 컨디션이 좋지 않은데 밖에는 또 비가 쏟아지고 있다. 하루를 쉴까 아니면 강행군을 벌일까 하다가, 배낭 하나를 포르토마린Portomarin으로 부치고 걷기로 했다. 팔로마 할머니가 걱정하지 말고 배낭을 잘 싸서 소파 옆에 놓고 가라고 손짓한다. 감사하다는 인사를 하고 엄마 배낭은 내가 메고 길을 나섰다.

사리아Sarria를 지나 포르토마린으로 가는 길에 산티아고까지 100킬로미터 지점을 알리는 표지석이 나타난다(갈리시아 지방부터는 500미터마다 산티아고까지 남은 거리를 알려주는 표지석이 길옆에 세워져 있다). 오늘 걸으면 남은 거리가 두 자리 숫자로 줄어드는 것이다. 점점 끝이 다가온다는 생각에 없던 힘이 솟는다. 큰길을 벗어나 흙길을 걷기 시작하면서 오로지 표지석의 숫자가 줄어드는 재미에 흥이 나서 걸었더니 생각보다 수월하게 포르토마린에 도착했다.

1960년대 댐 공사로 인해 수몰된 이 마을은 오늘날 높은 지대에 같은 이름으로 자리하고 있다. 넓은 호수가 내려다보이는 풍광이 아름다운 곳이다. 숙소에서 호수의 일렁임을 하염없이 바라보다가 문득 대청호가 생각났다. 엄마가 어렸을 적 살았던 동네가 지금은 그 아래에 시퍼렇게 잠겨 있는 것이다. 엄마는 이 아름다운 풍경을 보면서 무슨 생각을 하고 있을까. 조심스럽게 오늘은 맛있는 거 먹으면서 편히 쉬자는 이야기를 꺼냈다.

잠시 후 배낭을 찾으러 2층에 올라갔는데 도착한 게 없단다. 알베르게 주인이 평소에 택시기사들이 짐을 놓고 가는 자리로 안내했지만 거기뿐만 아니라 건물 안팎을 샅샅이 뒤져도 내 배낭은 없다. 엄마에게 배낭의 실종을 보고했더니 누가 갖고 간 거 아니냐며 얼굴을 찌푸린다. 혹시나 해서 팔로마 할머니네 알베르게 전화번호를 찾아서 걸었더니 며느리가 받는다. 소파 옆에 있는 파란 배낭 아니냐며 경쾌한 목소리로 물어본다.

아……. 시어머니가 깜빡한 것 같다고 미안하다면서 보내주겠다고 덧붙인다. 벌써 해가 지고 있는데 35킬로미터 떨어진 곳에서 어떻게 보내주려는 걸까. 머리가 아프다.

게다가 하필이면 갈아입을 옷과 수건, 슬리퍼, 충전기와 침낭까지 온갖 것들이 내 배낭에 있다. 갈아입을 옷도 없고 씻을 수도 없어 초조하게 앉아 있는데 어느새 어둠이 내린다. 오늘 안에 오긴 하는 걸까.

맛있는 저녁은커녕 쫄쫄 굶은 채 기다리다 지쳐 포기할 찰나 밖에서 경적 소리가 난다. 뛰어 나갔더니 택시 기사가 못 알아들을 스페인어로 나를 쏘아댄다. 배낭은 꺼내지도 않고 쏘아붙이는 게 아무래도 이 늦은 시간에 짐 배달을 시키는 게 어딨느냐고 따지는 것 같다. 어쩐지 추가 요금을 달라는 기색이다. 가만히 있으니 이번엔 욕이라도 하는 것 같다.

같이 미간을 찌푸리려던 찰나 알베르게에서 주인이 달려 나왔다. 한참 동안 기사와 설전을 벌인다. 잠시 후 합의를 이룬 듯 택시 기사는 알베르게 주인과 시원하게 악수를 하고 나에게 허그 한 번 해준 뒤, 배낭을 내려놓고 떠났다. 무슨 상황인지 아직도 모르겠지만, 알베르게 주인이 내 배낭을 찾기 위해 온 힘을 다해 도와준 것만은 확실하다. 이럴 때는 유일하게 아는 고맙다는 스페인말 "¡Muchas Gracias!"만 끝없이 뱉을 수밖에.

엄마와 늦은 저녁으로 맥주를 곁들여 폴포Polpo[1] 요리를 먹으며 이야기했다. 자신의 업보는 자신이 지어야 한다고. 이렇게 잠깐이라도 내려놨다가 더 큰 업보가 다르게 찾아왔다고. 내일부터는 등에 꼭 메고서 열심히 걷겠다고.

무거워 죽겠던 그놈의 업보가 오늘은 돌아와 준 것만으로도 사랑스러워 보인다. ☺

[1]
스페인어로 문어라는 뜻. 포르토마린 지역의 특산물로
문어에 올리브오일과 굵은 소금, 고춧가루를 넣고
구워낸 요리다.

24

내가 이 여행을
기억하는 법

Sarria
→ Portomarin

1. 조가비

생장 피에드포르에서는 순례자의 상징인 조가비를 하나씩 나눠준다. 영진과 푸엔테 라 레이나에서 헤어지기 전에 녀석의 얼굴을 그려준 뒤로, 엄마와 내 조가비에도 각자의 얼굴을 그렸다.

그리고 매일 만나 친구가 된 이들의 이름도 하나씩 새기기 시작했다. 봄날의 여정이 끝났을 즈음, 내 조가비는 세계 곳곳에서 온 사람들의 이름으로 가득 찼다.

가을, 아쉽게도 봄날의 조가비가 부서지는 바람에 새로운 조가비 하나를 얻었다. 하얗던 조가비도 어느새 가을에 만난 친구들의 이름으로 다시 채워졌다.

2. 그림 엽서

그림 그리는 작은 재주를 가진 덕분에 사람들과 헤어질 때 캐리커처를 한 장씩 그려주게 되었다. 애순이 아줌마와 헤어질 때에도, 전날 밤 어두운 알베르게 침실에 앉아 그림을 그렸다. '콰트로 리'의 캐리커처였다. 그림을 받아든 아줌마가 토끼 눈이 되도록 울어버린 부작용이 있었지만 그 후로 가을에 카미노를 걸으면서도 같이 걸었던 친구들을 그린다. 그들이 이 그림 하나로, 나를, 엄마를, 이 길을 오래도록 기억하면 좋겠다.

3. 와펜

가을 여행을 준비하면서 와펜을 만들어 엄마와 각자 하나씩 나눠 달았다. 여분을 챙겨왔다가 소중한 이들에게 전해줬다. 가끔 걷다가 내가 나눠준 와펜을 달고 앞서 가는 순례자를 볼 때마다 괜히 흐뭇해지곤 했다. 이 길이 끝나면 보라색 와펜은 세계 곳곳의 어느 집으로 흩어져 돌아가겠지.

25

함께
걷는다는 것 I

Portomarin
→ Palas de Rei

"엄마, 나만 그런가? 혼자 걷는 아저씨나 할아버지들을 만날 때, 이상하게 혼자 걷는 아주머니나 할머니들보다 마음이 조금 더 쓰인다?"

"맞아. 알베르게에서 보면 여자들은 혼자라도 이것저것 요리해 먹잖아. 빨래하고 짐 꾸리는 것도 비교돼서 그런지 나도 혼자 다니는 남자들이 어딘가 딱해 보여."

"저 수염 하얀 할아버지도 그래요. 어쩜 저렇게 외로워 보이는지 몰라. 기분 탓인가?"

칸타브리아 산맥을 넘은 후에 자주 마주치는, 혼자 걷는 할아버지. 보통의 순례자가 그러듯 누군가와 짧은 동행을 할 법도 한데 볼 때마다 혼자다. 할아버지를 바투 따라가는데 구름 사이로 오랜만에 나타난 햇빛이 일렁이며 산자락을 덮었다. 사진을 찍는 참에 할아버지가 다가왔다.

"같이 사진 찍어줄까?"

"아. 고맙습니다. 카메라에 엄마 사진만 잔뜩 있는데 잘됐네요. 할아버지는 혼자 걸으시는 거예요?"

"응. 친구랑 오려고 오래전부터 꿈꿨는데 결국에는 혼자 걷네."

그의 배낭에 달린 사진 한 장이 눈에 들어온다. 비슷한 연배로 보이는 할아버지가 환하게 웃고 있다.

"같이 오기로 했던 그 친구예요?"

"응. 올봄에 죽었지. 같이 걷는다고 생각하면서 사진을 달았어."

할아버지가 유독 외로워 보였던 게 이것 때문이었나. 그와 함께 걷느라 다른 이들과 이야기 나눌 새도 없던 건 아닐까. 가슴이 알싸해져 그의 어깨에 달린 사진을 다시 한 번 바라본다. 그는 우리가 잘 볼 수 있게 무릎을 굽혀 주었다. 바람에 사진이 펄럭이며 뒤집힌다. 뒷면에 빼곡히 글씨가 적혀 있다.

느리게 읽어본다. 가슴에 담는다. 만나보지 못한 그를 생각하다가 나의 그리운 얼굴들도 함께 떠오른다. 할아버지와 헤어져 다시 엄마와 둘이 걷는 길. 아까 읽은 시를 천천히 우리말로 엄마에게 들려주었다.

길이 너를 위해 솟아나기를
바람이 언제나 너의 등 뒤에서 불어오기를
햇살이 따스하게 너의 얼굴을 비추기를
비가 너의 주위를 부드럽게 적시기를

그리고 우리가 다시 만날 때까지
신이 너를 그의 빈손으로 품어주기를

등 뒤에서 바람이 분다. 가을 햇살이 붉어진 숲길 사이로 느리게 스민다. 함께 걷는다는 것에 대해 잠시 생각한다. 문득 고마운 마음이 들어 엄마의 그림자를 바라보며 천천히 걷는다.

26

함께
걷는다는 것 II

Palas de Rei
→ Arzúa

산티아고까지 이제 70킬로미터. 마음이 발보다 앞서서인지, 둘 다 꼭두새벽에 일어나 어둠 속으로 나섰다. 깜깜한 숲길을 한 시간 넘게 걷고 나서야 나뭇잎 사이로 간간이 드러난 하늘이 어렴풋이 밝아온다. 마을 하나를 지나쳐 거의 끝자락에서야 알베르게와 함께 운영하는 작은 바르를 하나 발견했다. 어젯밤 이곳에 묵은 사람들이 아침을 먹으러 나와 있다. 우리도 같이 앉아, 순례자들의 이야기를 들으며 아침을 먹는다.

"저 테이블에 앉은 할머니랑 할아버지 보이죠? 할아버지가 80리터짜리 배낭을 메고 걸어요. 그 안에 할머니 산소통이 들었거든요."

"세상에. 할아버지도 간신히 걸으시는 것 같은데……."

갑자기 열린 문으로 동네 개가 들어오더니 식탁 위에 놓인 엄마 빵을 덥석 물고 나가버린다. 바르가 온통 황당한 웃음으로 가득 찬 사이, 그 노부부가 자리에서 일어나 먼저 출발해버렸다.

동이 트기 시작한다. 우리도 서둘러 다시 길을 나섰다. 얼마 지나지 않아 산처럼 불룩 솟은 할아버지의 배낭과 소녀같이 묶은 할머니의 흰 머리채가 보인다. 슬로모션으로 걷는 두 사람을 금방 따라잡았다. 같이 발맞춰 걷기에는 너무나도 느린 그들의 걸음. 앞서 가기가 미안하지만 이럴 때에는 우리를 지나쳐 갔던 다른 순례자들이 그랬듯 "부엔 카미노!" 하며 웃음 짓는 게 그들에게 해 줄 수 있는 전부일 테다.

"카미노 걷는 게 할머니의 마지막 소원이라고 했대요. 근데 산소호흡기가 없으면 걸을 수도 없나 봐요. 그렇다고 누가 저렇게 산소통을 메고 같이 걷겠어요, 정말."

엄마에게 바르에서 들었던 이야기 자락을 열심히 풀어놓았다.

결국 자신의 짐은 자신이 지고 걸어야 한다는, 카미노 위에서 매일같이 온몸으로 느끼던 교훈이 오늘은 조금 다르게 다가온다. 자신의 짐을 대신 지어줄 수 있는 사람이 있다는 것. 그리고 누군가의 짐을 내가 대신 지어줄 수 있다는 것. 수십 년의 세월을 나누며 산 그들이기에 가능할 일. 언젠가 나도 한 번쯤 해보고 싶은 그런 일.

저 속도로 그들이 언제 산티아고에 도착할지 알 수 없고, 또 지금까지 얼마나 오랜 날을 걸어 여기까지 왔을지도 상상이 되지 않는다. 하지만 한 가지 분명한 것은, 뒤돌아 다시 바라본 그들의 발걸음이 여전히 느리고 무거웠지만 꽤 행복해 보였다는 것이다. 무엇이 더 필요할까. 이만하면 할머니의 소원은 이미 이루어진 것이나 다름없지 않을까.

27

이 말
한마디만은

Arzúa
→ Lavacolla

산티아고까지 40킬로미터가 남았다. 숲길을 가로질러 산티아고 데 콤포스텔라 공항을 끼고 걸으면 오늘 묵을 숙소가 있는 작은 마을이 나온다. 그리고 내일 새벽에 일어나 10킬로미터만 더 걸어가면 여정이 끝난다.

비가 오락가락한다. 우비를 입은 채로 질척이는 숲길을 걷는다. 그런데 뭔가 이상하다. 고사리 핀 울릉도의 성인봉 중턱 같기도 하고, 제주도의 사려니숲 같기도 하다. 아니, 저녁 먹고 배 두들기며 걷는 우리 집 뒷산을 닮았나. 엄마가 길에서 만나는 풍경들과 사람들을 순식간에 한국화한 적은 많았지만 내 눈이 산티아고의 이국적 풍경을 늘 보던 풍경인양 바라본 것은 처음이다. 집에 갈 날이 얼마 남지 않아서일까. 두고 온 곳이 그리운 건지, 두고 갈 곳이 아쉬운 건지 몰라 걸음이 조금씩 머뭇거려진다. 그 사이 엄마가 앞서 걷기 시작했다.

사람이 살지 않는 듯한 작은 마을을 지나 다시 숲길로 접어들 무렵, 마지막 집 외벽에 쓰인 글귀가 눈에 들어온다.

Jim,
Before we finished
just like to say.
Every step has
been better
with you.
I love you.

이 길을 끝내기 전에 이 말 하나만은 꼭 하고 싶어.
한 걸음 한 걸음이 당신과 함께여서 더 좋았다고.
사랑해.

카미노를 걷는 동안 수도 없이 봤던 낙서 중 하나일 뿐이다. 표지판의 뒷면이나 터널, 굴다리 등 글을 쓸 수 있는 평평한 물체만 나타났다 하면 등장하는 숱한 응원의 메시지와 사랑 고백들. 엄마는 심지어 낙서를 쳐다보지도 않고 지나쳤는데 뒤따라 걷던 나는 자리에 멈춰 한참 동안 발을 떼지 못했다.

나도 모르게 하염없이 눈물이 흐르고 있었다. 엄마의 한 발짝 뒤에서 걷는 건 이럴 때 요긴하다. 그리고 어김없이 비가 내리는 오늘도 참 울기 좋은 날이기도 하다. 얼굴로 흐르는 빗방울과 나뭇잎을 스치는 빗소리에, 내 작은 흐느낌도 조금의 눈물도 모두 씻겨 내려가고 있다. 엄마가 눈치채지 못해서 다행이다.

나도 이 길이 끝나기 전에, 엄마에게 이 말 하나만은 꼭 하고 싶다. 한 걸음 한 걸음이 엄마와 함께여서 좋았다고. 엄마와 발맞춰 걸어서 더 좋았다고 말이다. ☺

28

사랑한다는
말

Lavacolla
→ Santiago de Compostela

아침에 짐을 챙기는데 손이 더디다. 발걸음이 떨어지지 않는다. 며칠 전 베드버그의 습격으로 컨디션 난조이던 엄마도 새벽같이 일어나 다시 잠들지 못한 채 방을 서성인다. 창문을 열어보니 가로등 불빛이 빗줄기에 흩어진다. 우비를 입고 언제나 그래 왔던 것처럼 말없이 숙소를 나선다. 동이 트기 한참 전이다. 칠흑 같은 새벽 길 위에 섰다. 산티아고 순례길의 마지막 지점, 산티아고 대성당까지 10킬로미터 남았다.

어둠에 싸인 길 위에 순례자가 한 명도 없다. 대부분 성당을 5킬로미터 남겨둔 고소 산Monte del Gozo 꼭대기에 있는 400명이 묵을 수 있는 알베르게 까지 걸어가서 마지막 밤을 보내기 때문이다. 정말로 한 시간 동안 한 사람 도 만나지 않았다. 재미있게도 마지막 날인 오늘 이 길에 달랑 엄마와 나, 둘 만 남은 것이다.

엄마와 가끔 산에 오를 때마다 부르던 노래를 어둠 속에서 같이 부르기 시작했다. 여전히 목구멍 밖으로 내뱉을 때마다 마음이 아련해져 머뭇거리 게 되는, 이해인 수녀님의 시에 음을 붙인 곡이다.

사랑한다는 말은
가시덤불 속에 핀
하얀 찔레꽃

사랑한다는 말은
한자락 바람에도
문득 흔들리는
나뭇가지

사랑한다는 말은
무수한 별들을
한꺼번에 쏟아내는
거대한 밤하늘이다

어둠 속에서도
훤히 빛나고
절망 속에서도
키가 크는
한마디의 말

그 얼마나 놀랍고도
황홀한 고백인가
우리가 서로 사랑한다는 말은

차라리 끝을 보지 않았으면 하는, 조금의 아쉬움과 서운함이 가득한 아침. 한 발은 앞으로 나아가고 나머지 한 발은 바닥에 붙어 나를 붙잡는다. 걷는 순간마다 모두 소중했기에 그런 걸지도 모르겠다. 이 길이 끝나고 나면, 저 끝에 도착해버리고 나면, 길 위에서 만난 수많은 이야기들이 다 사라져버릴 것 같은 기분도 든다.

몬테 고소에 도착했다. 이미 순례자들은 모두 산티아고로 내달았는지 아무도 보이지 않는다. 여전히 엄마와 나, 둘뿐이다. 아직도 비가 내리고 있는데 이상하게도 앞을 가득 채웠던 구름이 걷히면서, 언덕 아래로 산티아고 데 콤포스텔라의 시가지가 보이기 시작했다.

내리막길을 걷고 있는데 어디선가 순례자들이 나타난다. 분명 우리 뒤에 아무도 없었는데, 다른 길에서 걸어왔는지 여러 방향에서 등장한다. 노래를 부르는 이도 있고, 활짝 웃으며 인사를 나누는 사람들도 있다. 비가 오는 것에 개의치 않은 채 한 방향으로 걷는다. 우리의 목적지가 코앞에 왔음을 온몸으로 느끼고 있다.

돌아보니 엄마가 울고 있다. 시간을 멈추는 기계가 있다면, 지금 그 버튼을 누르고 싶다.

SAHAGÚN

EL BURGO RANERO

MANSILLA de las MULAS

엄마 복숭아뼈 이상징후!

아들 계속 배탈중

ASTROGA

가우디가 설계한 주교관

FONCEBADÓN

엄마사리지셨던 문제의 알베르게

밤 내려갔던 철십자가

Manjarín

엄마 모르심!!!

Riego de Ambros

O'CEBREIRO

LA FABA

어둠 속을 걷다

폭풍폭풍

FONFRIA

호두발견!

봉에 애순이 아줌마가 죽은 같은 곳에 묵다! 반가움!

SAMOS

벽화가 예마어마한 수도원

TA de ALCARCE

신자의 기도

엄마 약판에 밴드버그 물림!

산티아고까지 5km

산티아고 공항

Melide

ARZUA

SANTA IRENE

Monte Gozo

산티아고

/

엄마의 꿈은
이루어졌을까?

/

피니스테레Finisterrae, 카미노가 끝나면서 대서양과 만나는 0.00킬로미터 푯
말 앞에 섰다.

물론 산티아고 데 콤포스텔라에 잘 도착했고, 순례자 증서도 받았다. 순례
자를 위한 대성당 미사 때 거행된 향로 의식Fumeiro은 가슴이 두근거릴 정도로
감동적이었다. 카미노를 거닐며 함께 걸었던 친구들과 다시 만나 감격의 포옹
을 나눴고, 늦잠을 자면서 다 걷고 난 자의 여유를 부렸으며, 맛있는 타파스 한
접시에 레몬 맥주를 곁들여 먹으면서 엄마와 실컷 이야기도 나눴다.

긴 꿈을 꾼 것 같다. 봄부터 가을까지, 스페인에서의 두 달과 한국에서 스페
인을 그리던 넉 달이 모두 한 편의 꿈같이 아득하다. 피레네 산맥에서 만난 눈

보라, 시루에냐의 끝없이 펼쳐진 유채꽃 카펫, 종일 나무 한 그루 없이 구름만 보고 걸은 메세타의 들판, 우비를 벗을 수 없었던 칸타브리아 산맥까지도 꿈의 한 장면 같다. 길 위에서 만난 수많은 친구들, 함께 한 이야기, 나눈 음식들도 마찬가지다. 다시 우리의 삶으로 돌아가게 된다면 분명 더 먼 기억이 될지도 모르는 것들.

하지만 한 가지 분명한 것은 이 달콤한 꿈을 그리워하리라는 사실이다. 시간과 돈을 들여 고생과 함께 커다란 그리움을 사서 돌아간다. 혼자만의 그리움이 아니라 두 사람어치의 것. 그렇게 그리움의 길을 두고 다시 돌아간다. 그리고 언젠가 이곳이 그리워질 때, 엄마와 함께 다시 걷겠다고 약속한다.

엄마는 고향 없는 서울 아이에게 마음의 고향을 선물한 것 같아 기쁘다 했다. 나도 그렇다. 고향이 생긴 것 같아 든든하다. 마을마다 성당이 있고, 따뜻한 사람들과 이야기가 있고, 마음을 녹이는 음식이 있는 나만의 고향. 그리고 무엇보다도 곳곳에 엄마가 가득 담겨있는 그런 내 고향. 이곳과 함께 그녀가 그리워질 때, 다시 돌아오겠다고 나 혼자 또 다른 다짐을 한다. 엄마의 등 두드림이 필요해질 때, 홀연히 배낭을 메고 이 길 위에 다시 서리라.

모든 것이 끝났다. 소나기가 쏟아지는 동안 등대 카페에 앉아 마지막 카페 콘레체를 마셨다. 여전히 비를 맞고 있는 0.00킬로미터 푯말을 뒤로한 채 집으로 돌아가는 첫 발걸음을 내디뎠다. 그리고 얼마 지나지 않아 엄마가 소리쳤다. 카미노에서 아름다운 풍경을 마주할 때마다 수없이 내지르던 그녀만의 높은 감탄사를 내뱉었다.

"아들! 저것 봐, 무지개야! 아니, 쌍무지개야!"
손에 잡힐 듯 코앞에 쌍무지개가 떴다. 이젠 꿈이 아니라 현실이다. 이 기적 같은 길이 우리의 삶으로 걸어 들어오기 시작한 것이다.

엄마는
산티아고